前言

随着计算机的日益普及，社会对计算机的日常维护、组装、维修及管理人员的需求也就越来越大。为了满足各职业学校对该类技能型人才的培养需求，我们特编写了本书。

本书针对当前IT类行业及相关职业岗位的实际需求，以职业岗位中的主要工作任务、实践操作为主线。全书涉及计算机及主要配件的组装、维护、测试、维修等内容，定位于培养社会需求量较大的初级维修维护人员。

本书在编写过程中，充分考虑了中等职业学校学生的现状，坚持“以就业为导向、以能力为本位”的教学理念，力求强调学生职业素养的培养。

1. 以职业能力为核心，构建课程内容

针对计算机组装、维修及其相关岗位的要求和权威部门的认证考核要求，删减了同类型教材中陈旧的或在职业岗位中涉及较少的理论知识。

2. 以项目、任务引导教学

本书的显著特点：一是基于任务驱动，通过任务引导学生边学习理论知识边动手实践，掌握计算机硬件的相关知识和技能；二是知识比较新；三是可操作性强，无论是组装计算机方面的知识还是维修方面的知识，都是由浅入深，循序渐进；四是注重实用性，只要求学生会操作、会维修计算机。

3. 遵循职业能力形成特点和训练规律

本书“以学生为本位”，在内容编排上尽可能达到理论和实践的有机结合，符合学生的认知规律，尽可能地使教师在教学中调动学生的积极性和主动性。

4. 图解教学，轻松学习

本书使用了大量的实物图片，有助于新手快速入门，结合图例教学，可以一目了然地看清所学知识的脉络及重点，快速学到硬件的基础知识，节省时间，提高工作效率。

本书由胶州市职业教育中心信息技术部专业组教师编写，由闫从丰、刘美丽任主编，贾明霞、王志强任副主编，其中项目1由王乃航编写，项目2由贾明霞编写，项目3由闫从丰编写，项目4由刘红蕾编写，项目5由吴建编写，项目6由王志强编写，项目7由张研丽编写。

由于编写时间仓促，加之编者水平有限，书中错误和不当之处在所难免，恳请广大读者批评指正。

编　者

2013年3月

目录

项目 1

计算机基础

随着计算机的普及，越来越多的人开始拥有计算机。由于计算机部件的特殊性，部件高度集成化，我们可以非常轻松地组装一台计算机。因此这项工作不再是专业人士的特权，初学者也可以在掌握一定的计算机基础知识后完成组装工作。本项目首先了解计算机各个部件的组成以及它的软件系统。

学习目标

本项目是计算机入门的基础知识，主要是要求学生对计算机硬件有一个简单的了解。通过本项目的学习，应掌握以下知识。

(1)计算机的工作原理。

(2)计算机硬件系统的组成。

(3)计算机软件的分类。

(4)计算机软硬件之间的联系。

任务 了解计算机软硬件基础知识

任务描述

赵峰是职教中心的一名新生，为了方便学习，他想自己购买一台计算机。在购买之前他想了解一下关于计算机组成的知识，便于对计算机软硬件的认识，以及对其功能和性能的了解，从而购买到适合自己的计算机。

任务分析

计算机的组成包括硬件和软件两部分。硬件是指计算机的物理设备，软件是指计算机的程序、数据、文档。硬件和软件相辅相成、协调一致、缺一不可。

微型计算机的硬件系统由主机和外部设备组成。主机内部结构如图 1-1 所示，它是计算机的重要部分，计算机的一切操作都要由它来完成。它主要包括 CPU(中央处理器)、主板、内存、硬盘、电源、显卡等配件。外部设备包括键盘、鼠标、显示器、打印机、音箱等。计算机的外观如图 1-2 所示。

图 1-1　计算机主机内部结构

图 1-2　计算机外观

计算机的软件主要包括系统软件和应用软件。系统软件是管理、监控和维护计算机资源的软件，最常用也是最重要的系统软件是操作系统软件，它是计算机工作的基础，其次是数据库管理系统软件等；应用软件是提供某种特定功能的软件，如文字处理软件、学习软件、杀毒软件、图形设计软件等。

任务实施

1. 认识计算机硬件

(1)认识计算机的外观

从外观上计算机主要由主机、显示器、键盘、鼠标、音箱等组成。

(2)认识计算机主机中的硬件设备

通过观察主机中的设备，分别找出主板、CPU、内存、硬盘、显卡、电源等设备，如图 1-3 所示。记住它们的安装位置，方便日后的安装。

图 1-3　主机中的硬件设备

2. 认识计算机软件

①启动计算机进入操作系统界面。

②选择“开始→程序”命令，在打开的子菜单中认识计算机的软件。

③单击子菜单中的软件名称，运行相应的软件程序，观察打开窗口的结构，了解该软件的使用方法。

相关知识

计算机是一种不需要人工直接干预，能够对各种数字信息进行算术和逻辑运算的快速电子设备，它的出现和发展是 20 世纪最重要的科学技术成就之一。计算机已渗透到国民经济和社会的各个领域，极大地改变着人们的生活方式和工作方式，并成为推动社会发展的巨大生产力。

1. 计算机的发展

(1)计算机的发展阶段

1946 年 2 月，美国宾夕法尼亚大学的科研小组开发了世界上第一台数字电子计算机 ENIAC。计算机的发展经历了以下几代。

①第一代电子管计算机(1946—1957)：特点是操作指令是为特定任务而编制的，每种机器有各自不同的机器语言，功能受到限制，速度也慢。另一个明显特征是使用真空电子管和磁鼓储存数据。

②第二代晶体管计算机(1958—1964)：特点是计算机体积小、速度快、功耗低、性能更稳定。

③第三代集成电路计算机(1964—1972)：特点是计算机体积变得更小，功耗更低，速度更快。

④第四代大规模集成电路计算机(1972 年至今)：大规模集成电路、超大规模集成电路使得计算机的体积和价格不断下降，而功能和可靠性不断增强。目前计算机普遍使用的是大规模集成电路。

(2)计算机的发展趋势

目前计算机的发展趋势是向巨型化、微型化、网络化和智能化这 4 个方向发展，未来的计算机将是微电子技术、光学技术、超导技术和生物技术相互结合的产物。

①巨型化是指具有运算速度高、存储容量大、功能更完善的计算机系统，其运算速度一般在百亿次每秒、存储容量超过太字节(TB)。

②微型化得益于大规模和超大规模集成电路的飞速发展，微处理器自 1971 年问世以来，发展非常迅速，几乎每隔两三年就会更新换代一次，这也使以微处理器为核心的微型计算机的性能不断跃升。

③网络化是指利用通信技术和计算机技术，把分布在不同地点的计算机互连起来，按照网络协议相互通信，以达到所有用户都可共享数据和软硬件资源的目的。现在，计算机网络在交通、金融、企业管理、教育、邮电、商业等各行各业中得到广泛的应用。

④智能化就是要求计算机能模拟人的感觉和思维能力，也是第五代计算机要实现的目标。

2. 计算机的基本组成及工作原理

尽管计算机技术不断发展，出现了种类繁多、功能各异的计算机，但其结构均由运算器、控制器、存储器、输入设备和输出设备 5 个基本部分构成。其中，运算器、控制器和存储器及其他一些元器件放在主机箱中，称为主机；而将输入设备和输出设备统称为外部设备。它们之间的关系如图 1-4 所示。

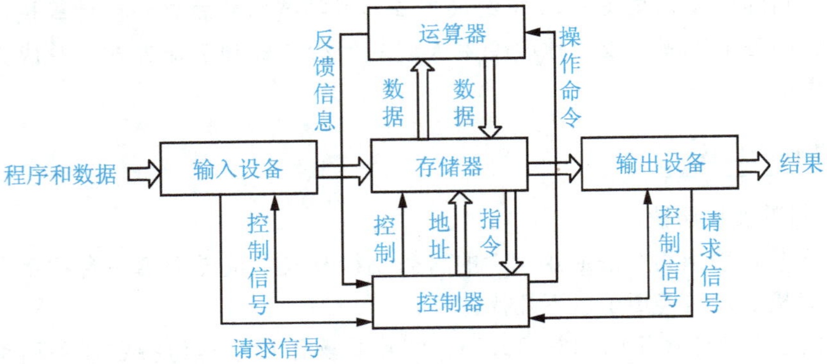

图 1-4　计算机的基本组成及工作原理框图

(1)运算器(Arithmetic and Logical Unit，ALU)

运算器负责数据的算术运算和逻辑运算，同时具备存数、取数、移位、比较等功能，它由电子电路构成，是对数据进行加工处理的部件。

(2)控制器(Control Unit)

控制器是计算机的指挥中心，根据操作指令控制计算机系统的整个执行过程，使计算机各部件协调一致地工作。存储器存储信息、运算器进行各种运算、信息的输入输出都是在控制器的控制下进行的。

(3)存储器(Memory)

存储器是计算机的记忆部件，负责存储程序和数据，并根据命令提供这些程序和数据。存储器通常分为内存储器和外存储器。

(4)输入设备

输入设备用来将原始的信息和数据输入到计算机中，常见的输入设备有键盘、鼠标、扫描仪等。

(5)输出设备

输出设备是将计算机处理后的最后结果或中间结果输送出来，以便用户查看，常用的输出设备有显示器、打印机和绘图仪等。

3. 计算机的硬件系统

计算机的硬件是指能够看得到摸得着的物理实体，目前常用的计算机一般由主机和显示器、键盘、鼠标、音箱等外部设备组成。

主机中一般有主板、CPU、内存、硬盘、显卡、声卡、网卡、电源、光驱、软驱等部件。

(1)主板

主板又叫主机板(Main Board)、系统板(System Board)或母板(Mother Board)，它安

装在机箱内，是计算机最基本的也是最重要的部件之一。主板一般为矩形电路板，上面安装了组成计算机的主要电路系统，一般有主板芯片组、CPU 插座、内存插槽、电源插槽、BIOS 芯片、I/O 控制芯片和各种外部设备端口等元件。主板采用了开放式结构，上面大都有6～8个扩展插槽，供外部设备的控制卡(适配器)插接。通过更换这些插卡，可以对计算机的相应子系统进行局部升级，使厂家和用户在配置机型方面有更大的灵活性。总之，主板在整个计算机系统中扮演着举足轻重的角色。可以说，主板的类型和档次决定着整个计算机系统的类型和档次，主板的性能影响着整个计算机系统的性能。图 1-5 所示为华硕主板。

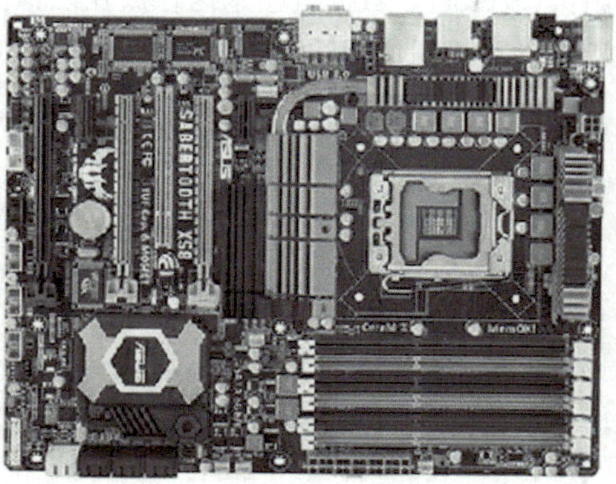

图 1-5　华硕 ATX 主板

(2)中央处理器

中央处理器(CPU)是计算机的核心部件，计算机的所有工作都必须通过 CPU 协调来完成。CPU 的外形如图 1-6 所示。

图 1-6　AMD 与 Intel CPU 外观

(3)内存储器

内存储器可以分为两大类，分别是只读内存(ROM)和随机访问内存(RAM)。从它们的名称上可以看出，ROM 数据不能随意更新，但在任何时候都可以读取，即使是断电，ROM 上的数据也不会丢失。至于 RAM 则在任何时候都可以读写，因此 RAM 通常用作主内存。

目前使用的主流内存产品为 DDR2 或 DDR3 内存。DDR2 和 DDR3 的针脚数量为 240 针。DDR2 内存如图 1-7 所示。

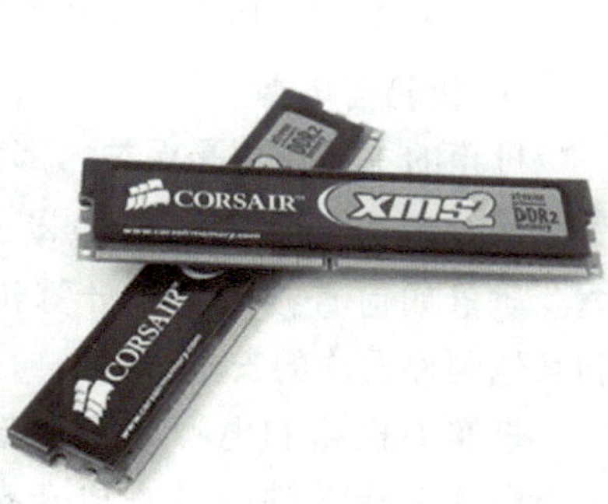

图 1-7　DDR2 内存

(4)硬盘

硬盘是一种磁介质的外部存储设备，数据存储在密封、洁净的硬盘驱动器内腔的多片磁盘片上。这些盘片一般是在以铝为主要成分的片基表面涂上磁性介质所形成，在磁盘片的每一面上，以转动轴为中心、以一定的磁密度为间隔的若干个同心圆，被划分成磁道(Track)，每个磁道又被划分为若干个扇区(Sector)，数据就按扇区存放在硬盘上。在每一面上都相应地有一个读写磁头(Head)，所有盘片相同位置的磁道就构成了所谓的柱面(Cylinder)。图 1-8 所示为硬盘的外观。

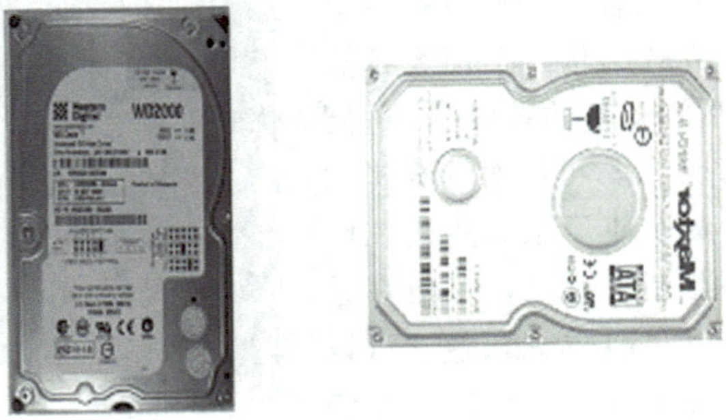

图 1-8　硬盘

(5)显卡

显卡又称显示适配器，作用是控制显示器的显示方式。在显示器里也有控制电路，但起主要作用的是显卡。从总线类型分，显卡有 ISA、VESA、PCI、AGP、PCI Express 5 种。现在，AGP 显卡已非常普遍，如图 1-9 所示；比较高档一些的是 PCI Express 显卡，如图 1-10 所示。

图 1-9　AGP 显卡

图 1-10　PCI Express 显卡

(6)机箱与电源

机箱的主要作用是保护内部设备，屏蔽机箱里面的各配件免受外界电磁场的干扰。

电源是为计算机提供原动力的重要部件，电源质量如何直接影响到计算机系统的稳定性和其他硬件设施的安全。

事实上机箱和电源是两个部分，但计算机组装中这两个部件一般是成套卖的。机箱和电源如图 1-11 所示。

图 1-11　机箱和电源

(7)网卡

网络适配器又称网卡或网络接口卡(Network Interface Card，NIC)，它是计算机联网的设备。网卡插在计算机主板插槽中，负责将用户要传递的数据转换为网络上其他设备能够识别的格式，通过网络介质传输。图 1-12 为几种常用的网卡。

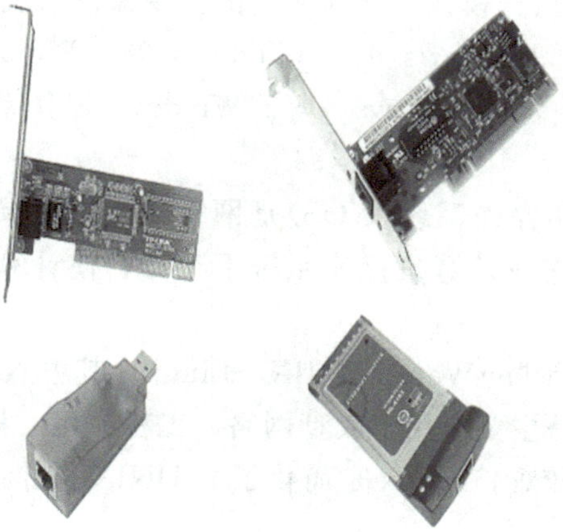

图 1-12　网卡

(8)光驱

光驱是读写光盘数据的设备，常见的有 CD-ROM、DVD-ROM 、CD-RW 和 DVD-RW。图 1-13 所示为内置式光驱和外置式光驱。

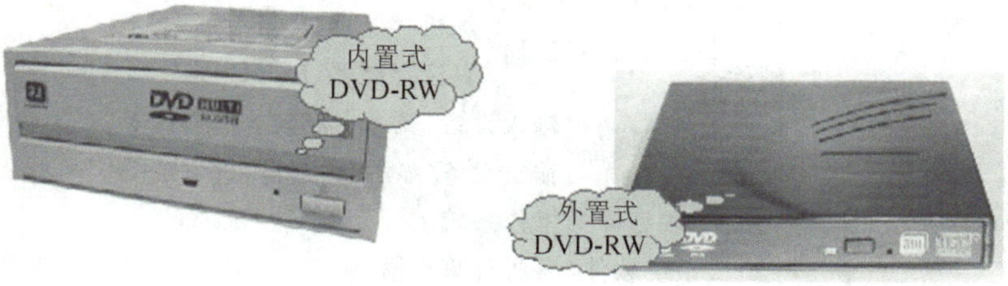

图 1-13　光驱

4. 计算机的软件系统

针对某一需要而为计算机编制的指令序列就称为程序，计算机软件是为了运行、管理计算机系统而编制的各种程序的总称。计算机的软件一般分为系统软件和应用软件。

(1)系统软件

系统软件是指控制和协调计算机及外部设备，支持应用软件开发和运行，无需用户干预的各种程序的集合，主要功能是调度、监控和维护计算机系统，负责管理计算机系统中各种独立的硬件，使得它们可以协调工作。系统软件使得计算机使用者和其他软件将计算机当做一个整体而不需要顾及底层每个硬件是如何工作的。系统软件主要包括操作系统、程序语言、数据库管理系统等。在计算机中常用的操作系统有 DOS、Windows 操作系统、网络操作系统等。

①DOS。DOS也称磁盘操作系统，是一种用命令提示符来完成操作的系统，目前大多已经不采用。常用的DOS有MS-DOS、PC-DOS、Free-DOS、ROM-DOS等。

②Windows操作系统。Windows操作系统是一款由美国微软公司开发的窗口化操作系统。采用了GUI图形化操作模式，比起从前的指令操作系统如DOS更为人性化。其发展经历了Windows 3.X、Windows 95、Windows 98、Windows 2000、Windows XP、Windows Vista、Windows 7、Windows 8等。Windows操作系统是目前世界上使用最广泛的操作系统。

③网络操作系统。网络操作系统(NOS)是网络的心脏和灵魂，是向网络计算机提供服务的特殊的操作系统。它在计算机操作系统下工作，使计算机操作系统增加了网络操作所需要的能力。

常用的网络操作系统有NetWare、UNIX、Linux。其中NetWare是兼容DOS的网络服务器操作系统；UNIX是主要应用于大型网络、工程应用、科学计算等领域的网络操作系统，操作较复杂，掌握较难；Linux是简化了的UNIX操作系统，适用于个人计算机。

(2)应用软件

应用软件是为了应用的目的，用户利用系统软件编制的，来解决用户实际问题的程序。常见的有文字处理软件(如Word)、管理软件(财务管理软件、图书管理软件等)、辅助设计软件等。图1-14为计算机系统的组成。

- 计算机系统
  - 硬件
    - 主机
      - 中央处理器
        - 控制器
        - 运算器
      - 内存储器
        - 随机存储器(RAM)
        - 只读存储器(ROM)
    - 外部设备
      - 输入设备(鼠标、键盘、扫描仪等)
      - 输出设备(显示器、打印机、绘图仪等)
  - 软件
    - 系统软件
      - 操作系统
      - 各种计算机语言
      - 数据库管理系统等
    - 应用软件
      - 文字处理软件
      - 计算机辅助类软件
      - 各种信息管理系统软件等

图 **1-14** 计算机系统组成

技能训练

以实验室现有计算机为主要对象，两人一组来进行以下训练。

1. 认识计算机中的内存

本次训练将根据前面所讲的知识认识计算机中的内存，并熟悉内存的外形和结构。

2. 认识计算机的硬盘

本次训练将根据前面所讲的知识认识计算机中的硬盘，并熟悉硬盘的外形和结构。

任务完成

①列举组装一台计算机需要的硬件设备。

②列举你知道的系统软件和应用软件。

巩固练习

一、选择题

1. 一个完整的计算机系统应包括(　　)。

   A. 硬件系统和软件系统　　B. 主机和外部设备　　C. 运算器和控制器

2. 以下属于网络操作系统的是(　　)。

   A. Windows XP　　B. Windows 7　　C. Netware

3. 以下属于应用软件的是(　　)。

   A. Windows XP　　B. UNIX　　C. AutoCAD

二、填空题

1. 内存储器可以分为两大类，分别是________和________。

2. ________是计算机的核心部件，计算机的所有工作都必须通过它协调来完成。

3. 常用的输入设备主要有________、________。

4. 目前使用的主流内存产品为DDR2或DDR3内存，它们的针脚数量都为________针。

三、简答题

1. 通常所说的计算机由哪些部件组成？

2. 常见的操作系统有哪些？

3. 常用的输入/输出设备有哪些？

4. 计算机的发展趋势是什么？

项目 2

计算机基本配件

学 习 目 标

本项目主要介绍计算机硬件的基础知识，包括主板、CPU、内存、存储设备、输入/输出设备及其他硬件设备。通过本项目的学习，应该掌握以下知识。

(1)主板的组成、结构、各种接口、选购注意事项。

(2)CPU 的作用、类型、主要性能指标、选购注意事项等。

(3)内存的作用、类型、分类、主要性能指标。

(4)常用的输入/输出设备，如键盘、鼠标、显示器、声卡、显卡等。

(5)计算机其他设备，如机箱、电源等。

任务 1 认识主板

任务描述

现在计算机硬件的发展非常迅速，每过一段时间计算机的硬件就要更新，为了能够学到更多最新的硬件，小李决定购买有关计算机硬件知识的书籍或通过网络进行学习，了解最新的主板是什么样的，性能到底如何。

任务分析

主板是计算机最基本的也是最重要的部件之一，它安装在机箱内，一般是矩形的电路板。主板为 CPU、内存、硬盘、光驱、键盘、鼠标、显示器等提供接口平台，所以说主板在整个计算机系统中扮演着举足轻重的角色。可以说，主板的性能和档次决定着整个计算机系统的类型和档次，主板的性能影响着计算机系统的性能。

可以通过阅读最新的计算机硬件方面的书籍进行学习，也可以通过互联网查阅主板的相关知识，许多大的网站(如太平洋电脑网、中关村在线、天极网等)上面都有关于各种主板的参数、性能等的介绍说明。

任务实施

本任务可以通过互联网查看主板的相关参数。使用浏览器访问太平洋电脑网，并在其中查看主板的性能参数，如查看华硕主板，其具体操作如下。

①打开 Internet Explorer 浏览器，在地址栏中输入太平洋电脑网的网址 http://www.pconline.com.cn，打开相应的网站，如图 2-1 所示。

②在打开的网页中查看相应的主板产品，如图 2-2 所示。

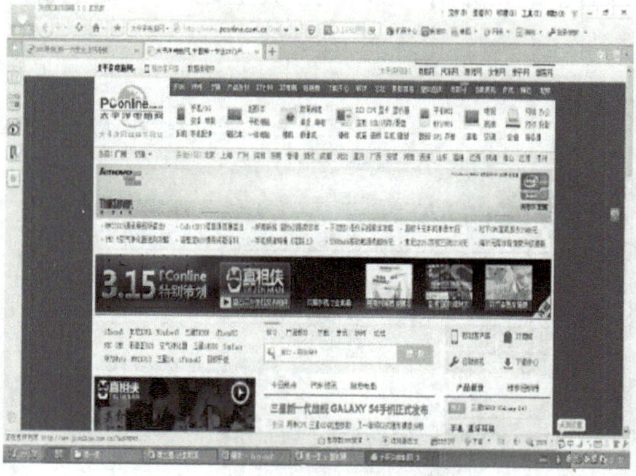

图 2-1　太平洋电脑网

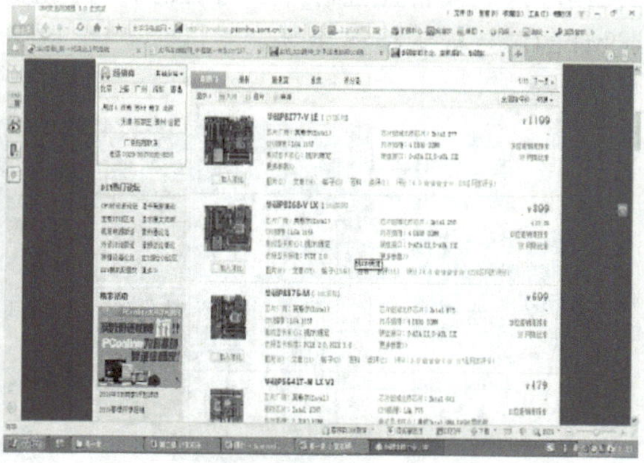

图 2-2　搜索主板

③查看具体主板的型号，如华硕 P8Z77-V LE，参数信息如图 2-3 所示。

④用同样的方法可以查看其他主板的各项参数。

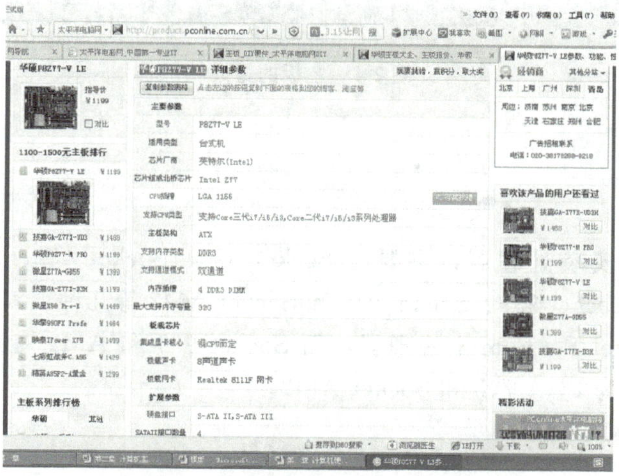

图 2-3　华硕 P8Z77-V LE 主板相关参数

相关知识

1. 主板概述

主板又称系统板或者母板。它安装在机箱内，是计算机中最基本的，也是最重要的部件之一。主板是计算机的中枢，它为CPU、内存及各种功能卡提供安装插座，为各种外部设备(如打印机、扫描仪和数码相机等)提供接口。计算机就是通过主板将CPU等各种器件和外部设备有机地结合起来，形成一整套完整的系统，因此计算机的整体运行速度和稳定性在一定程度上取决于主板的性能。

主板主要由CPU插座、内存插槽、AGP(或PCI-E)扩展插槽、南北桥芯片、电源接口、外部接口、IDE接口和SATA接口、USB接口、功能芯片(声卡、网卡、IEEE 1394控制芯片、硬件监控芯片、时钟芯片)等组成，如图2-4所示。某些主板上还有厂商特别设计的芯片或无线模块等。

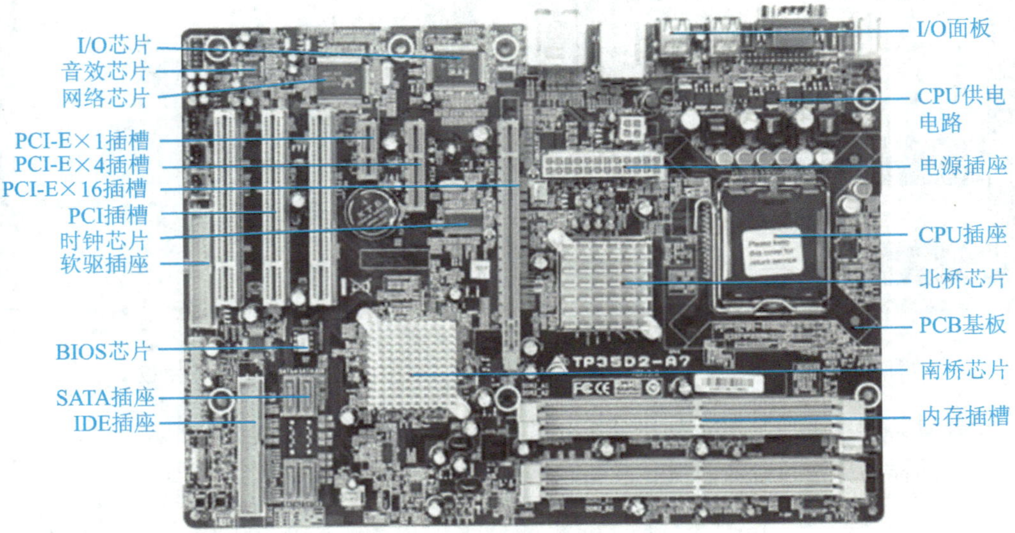

图 2-4　主板的组成

2. 主板的接口

(1)CPU插座

CPU插座用来安装处理器，主要有Socket 370、Socket 462、Socket 478、Socket 754、Socket 775、Socket 939、Socket 940和Socket AM2等几种。其中Socket 775(LGA 775)用于主流的Intel Pentium 4处理器，而Socket 939和AM2支持AMD的处理器。图2-5和图2-6分别为LGA 775和Socket AM2。

图 2-5　LGA 775

图 2-6　Socket AM2

提示：在 CPU 插座上一般都有一些特别设计的缺口或空白区域，这是为了防止在安装 CPU 时将 CPU 的方向插错。

(2)内存插槽

内存插槽是主板上用来安装内存的地方。目前常见的内存插槽有 SDRAM 内存插槽和 DDR 内存插槽两种，其中 DDR 内存插槽又分为 DDR、DDR2 和 DDR3 插槽 3 种，如图 2-7 所示。不同的内存插槽的引脚、电压以及性能都不同，不能互换使用。

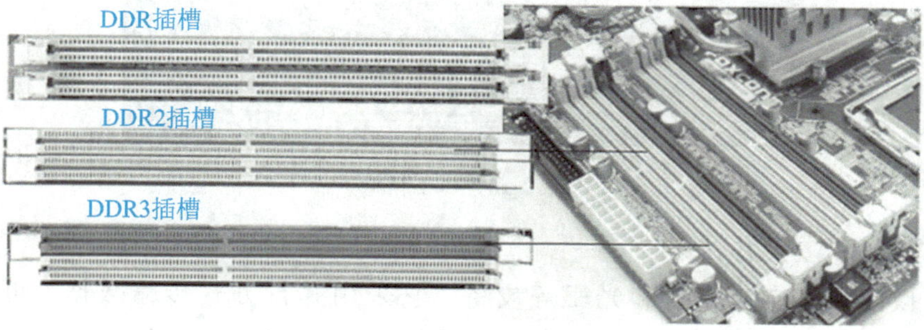

图 2-7　内存插槽

(3)PCI-E 插槽

PCI Express 简称 PCI-E，是继 ISA 和 PCI 总线之后的第三代 I/O 总线。它的主要优势就是数据传输速率高，抗干扰能力强，传输距离远，功耗低。

PCI-E 插槽根据总线位宽不同而有所差异，包括×1、×4、×8 以及×16 模式，如图 2-8 所示。

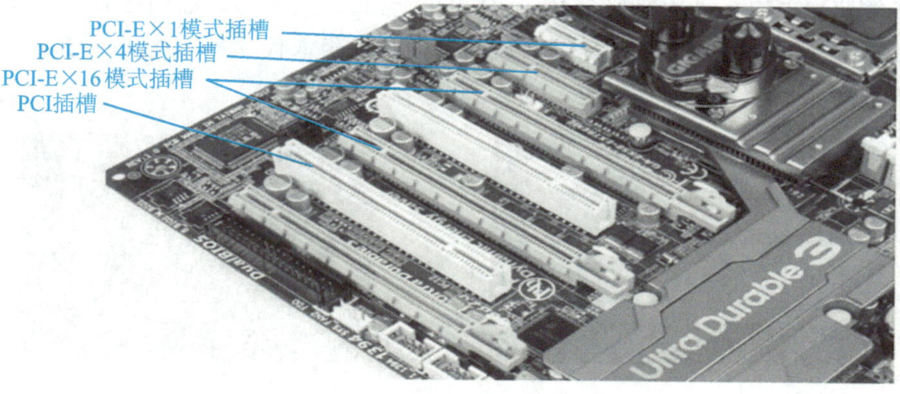

图 2-8　PCI-E 插槽

(4)AGP 插槽

AGP 插槽多为深褐色，位于北桥芯片和 PCI 插槽之间，如图 2-9 所示。AGP 插槽有 1×、2×、4×和 8×之分。AGP 4×的插槽中间没有间隔，AGP 2×则有。在 PCI Express 出现之前，AGP 显卡较为流行，其传输速度最高可达 2133Mbit/s(AGP 8×)。

图 2-9　AGP 插槽

(5)PCI 插槽

PCI 插槽多为乳白色，如图 2-10 所示。PCI 插槽是主板的必备插槽，可以插上声卡、网卡、电视卡、多功能卡等设备。

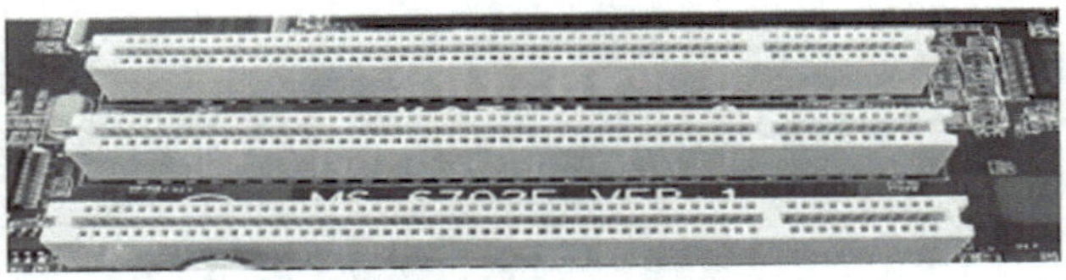

图 2-10　PCI 插槽

(6)ATA、SATA 接口

ATA 接口用来连接硬盘和光驱等设备，它采用并行方式传输数据，可以简称为 PATA接口。我们常说的 IDE 接口实际上就是指 PATA 接口。主流的 IDE 接口有 ATA 33/66/100/133，ATA 33 又称 Ultra DMA 33，它是由 Intel 公司制定的同步 DMA 协定，传统的 IDE 传输使用数据触发信号的单边来传输数据，而 Ultra DMA 33 在传输数据时使用数据触发信号的双边，具备 33MB/s 的传输速度。

ATA 66/100/133 则是在 Ultra DMA 33 的基础上发展起来的，传输速率分别可达到 66MB/s、100MB/s 和 133MB/s。ATA 接口如图 2-11 所示。

串行 ATA 传输方式，即 Serial ATA，简称 SATA。与 ATA 并行传输方式相比，SATA 传输速率更快，可达到 150MB/s。SATA 接口非常小巧，如图 2-12 所示，其排线也很细，并且支持热插拔。现在 SATA 接口的硬盘已经取代 PATA 接口硬盘，成为台式机硬盘的主流。

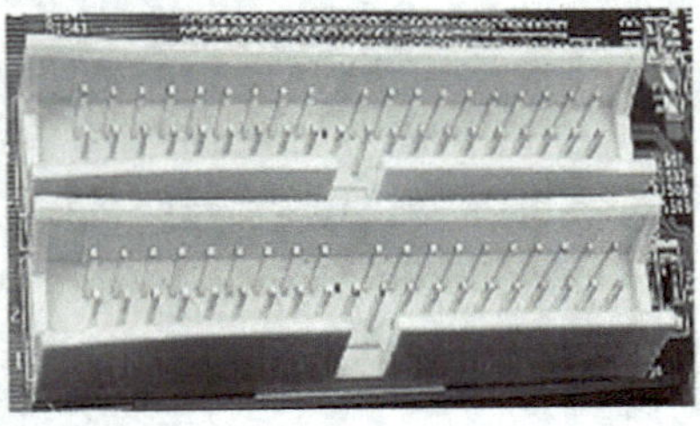

图 2-11　ATA 接口

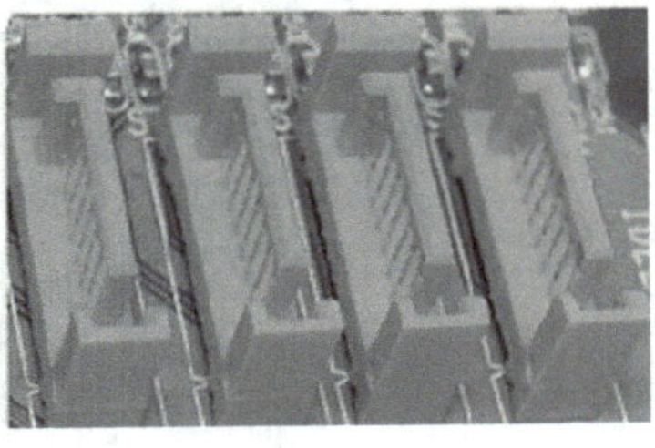

图 2-12　SATA 接口

(7)USB 接口

USB(Universal Serial Bus，即通用串行总线)接口如图 2-13 所示，它是一种高速串行 I/O 接口，目前主板有 USB 接口 2～8 个。USB 接口得到日益广泛的使用，并可代替串行口和并行口，最大可支持 127 个外设，并且可以独立供电，支持设备的即插即用和热插拔功能。

USB 接口的速率视标准而定，其中，USB 1.1 的数据传输率为 12Mbit/s，USB 2.0 的数据传输率可达到 480 Mbit/s，USB 3.0 的数据传输率可达到 4800 Mbit/s。

图 2-13　USB 接口

(8)IEEE 1394 接口

IEEE 1394 接口有两种标准，一种是标准接口，一种是小型接口，如图 2-14 所示。IEEE 1394 接口主要用来接高速的音频和视频设备，如数码摄像机、外置刻录机等。

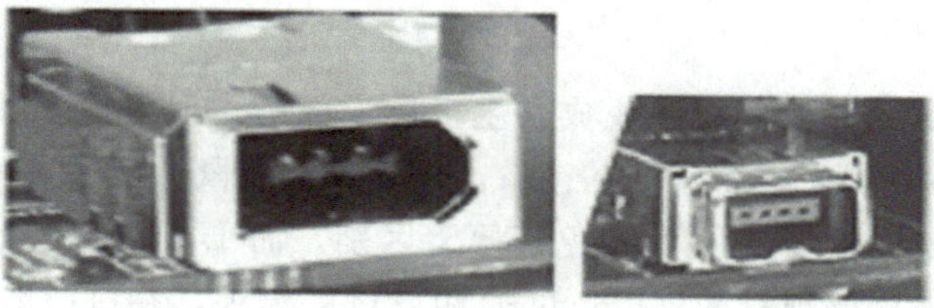

图 2-14　IEEE 1394 接口

(9)软驱接口

软驱接口是用来连接软盘驱动器的，共有 34 根针脚，它的外形比 IDE 接口要短一些，如图 2-15 所示。在众多的移动存储设备流行的同时，软驱将逐渐被淘汰，但在少数情况下还是要使用软驱来实现特定的功能，如 DOS 下的 BIOS 程序升级等。

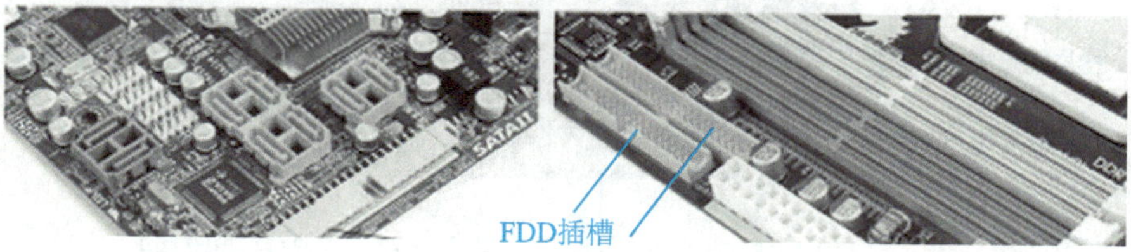

图 2-15　软驱接口

(10)电源接口及主板供电部分

主板的电源插座主要有 ATX 20 接口和 ATX 24 接口两种，采用防插反设计，避免因为插反而烧坏主板。随着 CPU 耗电的增加，主板一般还有一个 4 接口的专用 12V 电源插座，如图 2-16 所示。主板的供电及稳压电路一般位于电源插座附近。

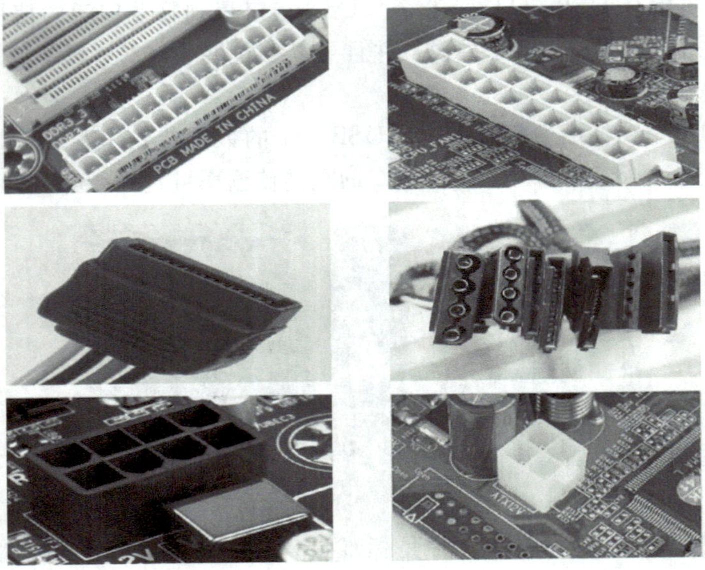

图 2-16　电源接口

(11)外部接口

ATX 主板的外部接口都是统一集成在主板后半部的。现在的主板一般都符合 PC'99 规范，也就是用不同的颜色表示不同的接口。一般键盘和鼠标都是采用 PS/2 圆口，键盘接口一般为紫色，鼠标接口一般为绿色，便于区别。而 USB 接口为扁平状，可接各种 USB 设备。串口可连接调制解调器(modem)和方口鼠标等，并口一般连接打印机。大多数主板自带了声卡和网卡芯片，因此主板的外部接口也相应地有网卡接口和声音输出、输入接口。而在一些新主板上又出现了 IEEE 1394 接口、eSATA 接口和数字音频输入和输出接口等。图 2-17 为主板外部接口。

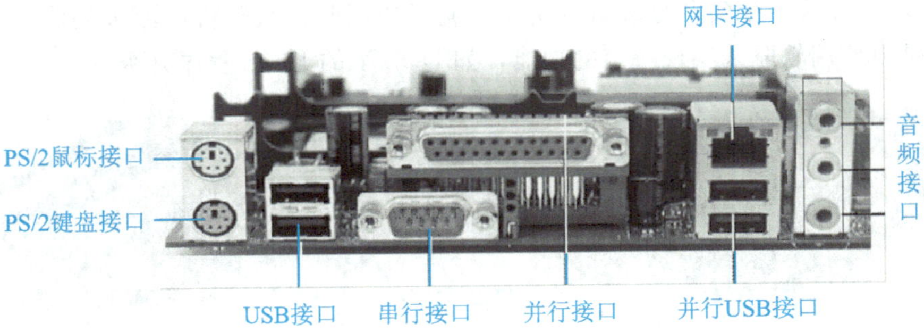

图 2-17　主板外部接口

①PS/2 接口。下面的靠近主板的紫色口接键盘，上面的绿色口接鼠标，如图 2-18 所示。

②串行接口。串行接口如图 2-19 所示。

图 2-18　PS/2 接口

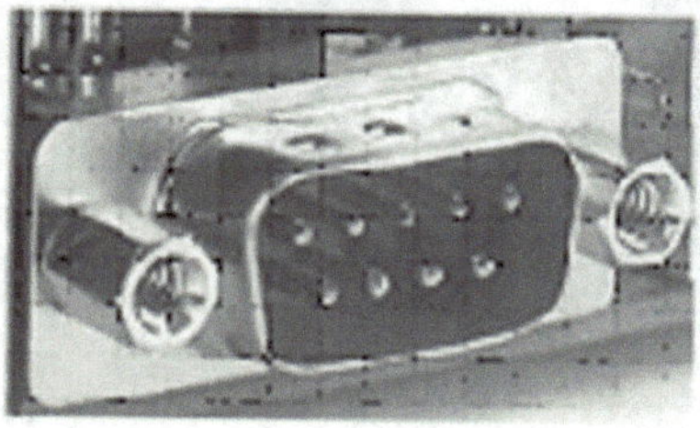

图 2-19　串行接口

③并行接口。并行接口，简称并口(见图 2-17)。

④RJ-45 网络接口。主板上的板载网络接口几乎都是 RJ-45 接口，它是一个 8 芯线接口，如图 2-20 所示。

⑤eSATA 接口。eSATA 接口如图 2-21 所示。

图 2-20　RJ-45 网络接口

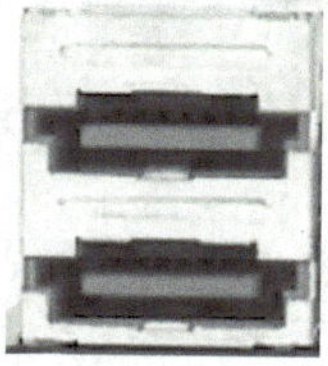

图 2-21　eSATA 接口

⑥音频接口。目前主板上常见的音频接口有两种：如图 2-22 所示的 8 声道(6 个 3.5mm 插孔)接口和如图 2-23 所示的 6 声道(3 个 3.5mm 插孔)接口。

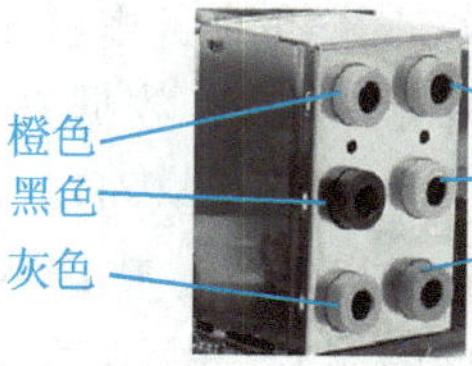

图 2-22　8 声道音频接口

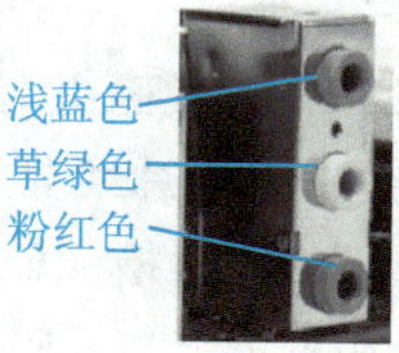

图 2-23　6 声道音频接口

浅蓝色：音源输入端口，连接录音机、音响等音频输出端。

草绿色：音频输出端口，连接耳机、音箱等音频接收设备。

粉红色：麦克风端口，连接到麦克风。

橙色：中置或重低音音箱端口。

黑色：后置环绕音箱端口。

灰色：侧边环绕音箱端口。

⑦同轴音频接口。主板配备的单个输出的同轴音频接口(黄色)，如图 2-24 所示；主板完整的同轴音频输出(黄色)、输入接口(红色)，如图 2-25 所示。

图 2-24　单个同轴音频输出接口

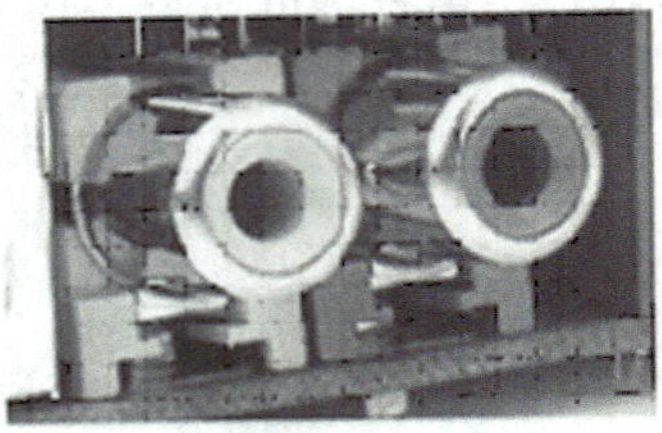

图 2-25　完整的同轴音频输入、输出接口

⑧DVI 及 VGA 接口。DVI 接口的外观如图 2-26 所示，VGA 接口外观如图 2-27 所示。

⑨S 端子。S 端子是视频信号专用输出接口。

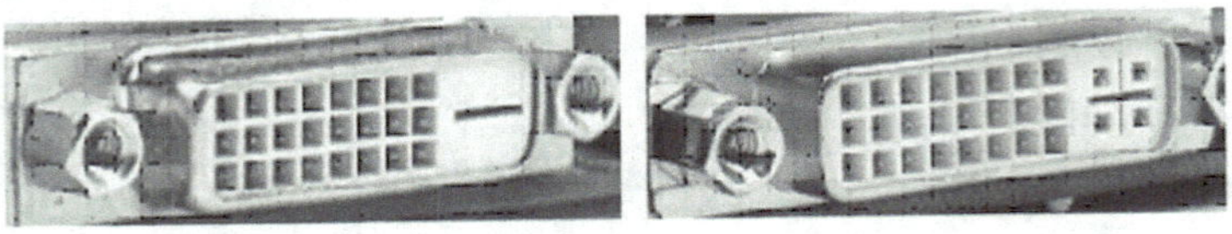

图 2-26　DVI 接口

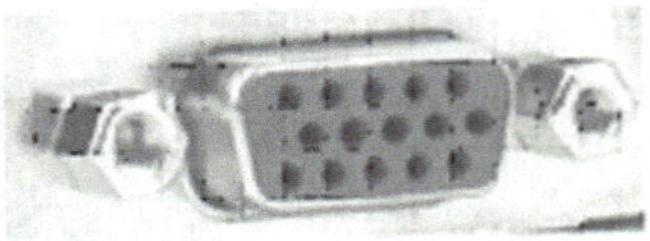

图 2-27　VGA 接口

3. 主板上的芯片

主板上的芯片有北桥芯片、南桥芯片、I/O 芯片、BIOS 芯片、时钟芯片、电源控制芯片、门电路芯片、串口芯片，有的主板还集成了声卡芯片、网卡芯片、显卡芯片等。

(1)北桥芯片

北桥芯片(North Bridge)是主板芯片组中起主导作用的最重要的组成部分，也称为主桥(Host Bridge)，如图 2-28 所示。一般来说，芯片组的名称就是以北桥芯片的名称来命名的。北桥芯片负责与 CPU 的联系并控制内存、AGP 数据在北桥内部传输，提供对 CPU 的类型和主频、系统的前端总线频率、内存的类型(SDRAM、DDR SDRAM 以及 RDRAM 等)和最大容量、AGP 插槽、ECC 纠错等支持，整合型芯片组的北桥芯片还集成了显示核心。北桥芯片是主板上离 CPU 最近的芯片，这主要是考虑到北桥芯片与处理器之间的通信最密切，为了提高通信性能而缩短传输距离。因为北桥芯片的数据处理量非常大，发热量也越来越大，所以现在的北桥芯片都覆盖着散热片用来加强北桥芯片的散热，有些主板的北桥芯片还会配合风扇进行散热。

图 2-28　主板上的北桥芯片

(2)南桥芯片

南桥芯片(South Bridge)是主板芯片组的重要组成部分，如图 2-29 所示，一般位于主板上离 CPU 插槽较远的下方、PCI 插槽的附近，这种布局是考虑到它所连接的 I/O 总线较多，离处理器远一点有利于布线。相对于北桥芯片来说，其数据处理量并不算大，所以南桥芯片一般都没有覆盖散热片。南桥芯片不与处理器直接相连，而是通过一定的方式与北桥芯片相连。

图 2-29　南桥芯片

南桥芯片负责 I/O 总线之间的通信，如 PCI 总线、USB、LAN、ATA、SATA、音频控制器、键盘控制器、实时时钟控制器、高级电源管理等，这些技术相对来说比较稳定，所以不同芯片组中南桥芯片可能是一样的，不同的只是北桥芯片。南桥芯片的发展方向主要是集成更多的功能，例如网卡、RAID、IEEE 1394，甚至 WI-FI 无线网络等。由南北桥芯片组成的主板如图 2-30 所示。

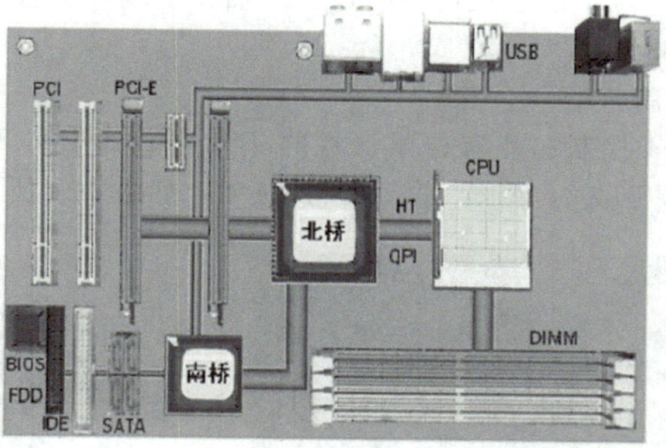

图 2-30　由南、北桥芯片组成的主板示意图

(3)I/O 及硬件监控芯片

I/O 芯片(输入、输出控制芯片)提供了对并口、串口、PS/2 口、USB 口以及 CPU 风扇等的管理与支持，如图 2-31 所示。

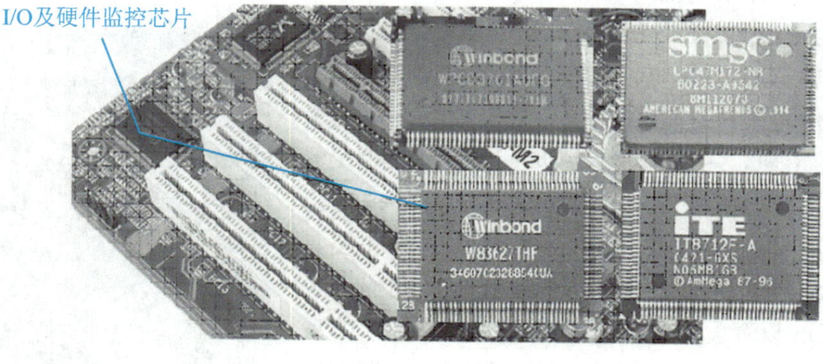

图 2-31　I/O 及硬件监控芯片

(4)网卡控制芯片

现在很多主板都集成了网卡。在主板上常见的集成网卡所选择的芯片主要有 10/100Mbit/s 的 RealTek 公司的 8100(8139C/8139D 芯片)系列芯片以及威盛网卡芯片等，如图 2-32 所示。

图 **2-32** 网卡控制芯片

(5)AC'97 声卡芯片

AC'97 是一个由 Intel、Yamaha 等多家厂商联合研发并制定的音频电路系统标准。

对于集成了 AC'97 声卡的主板，一般在 PCI 插槽上端的主板上能看到一块小小的 AC'97 芯片，如图 2-33 所示。

(6)IEEE 1394 控制芯片

常见的 IEEE 1394 控制芯片有德州仪器的 TSB43AB22A 和 TSB43AB23，VIA 的 VT6306、VT6307、VT6308，Agere 的 FW232-06 等，如图 2-34 所示。

图 **2-33** 声卡芯片

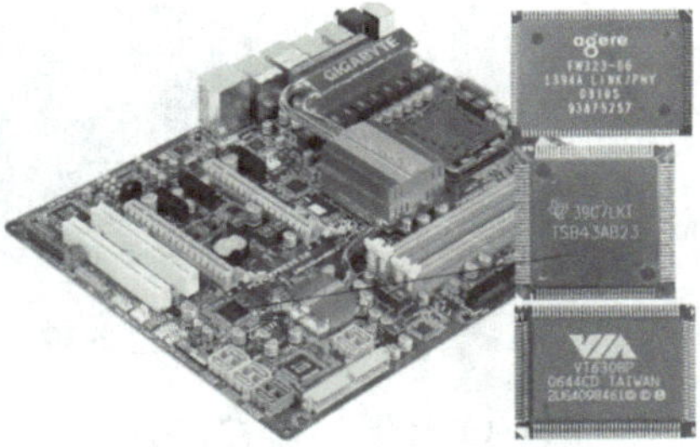

图 **2-34** **IEEE 1394** 控制芯片

(7)BIOS 芯片及电池

BIOS 的全称为 Basic Input/Output System，中文意思为基本输入输出系统，它既是硬件又含有软件，是系统中硬件与软件之间交换信息的链接器。在主板 BIOS 芯片的上面，一般都贴有 Award 或者是 AMI 的标志，它是主板上唯一贴有标签的芯片。芯片的内部通常都固化有键盘、鼠标、串口、并口、软驱和硬盘驱动器等系统启动所必需的基本驱动程序。我们常说的清除 CMOS 设置，实际上就是断开 BIOS 芯片的后备电源(纽扣电池)，让 CMOS 芯片中保存的数据参数恢复到出厂状态。BIOS 芯片及电池如图 2-35 所示。

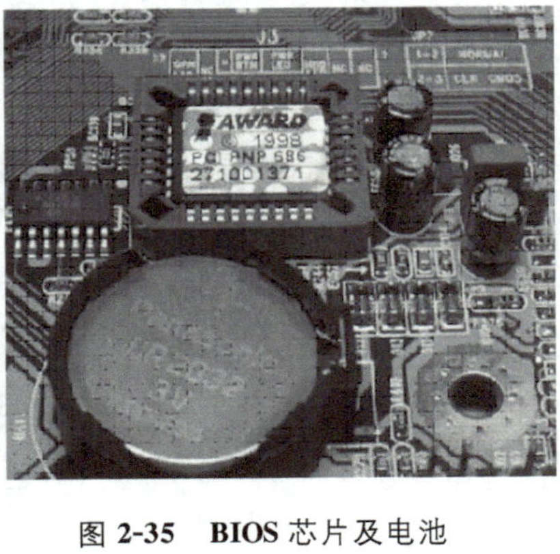

图 **2-35** **BIOS** 芯片及电池

4. 主板的分类

主板按其结构可分为 AT 主板、Baby AT 主板、ATX 主板和 BTX 主板等。

(1)AT 主板

AT 主板首先应用在 IBM PC 机上，不过这种类型的主板因不能适应计算机的发展需求，已经被淘汰。AT 主板如图 2-36 所示。

(2)Baby AT 主板

随着电子元件集成化程度的提高，相同功能的主板不再需要全 AT 的尺寸。因此在 1990 年推出了 Baby/Mini AT 主板规范，简称为 Baby AT 主板，如图 2-37 所示。

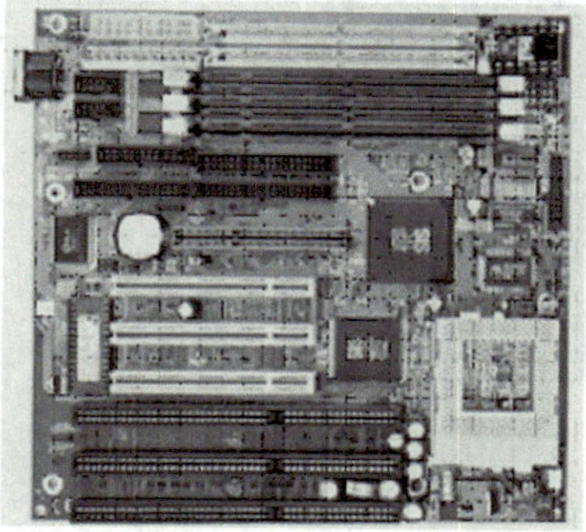

图 2-36 AT 主板

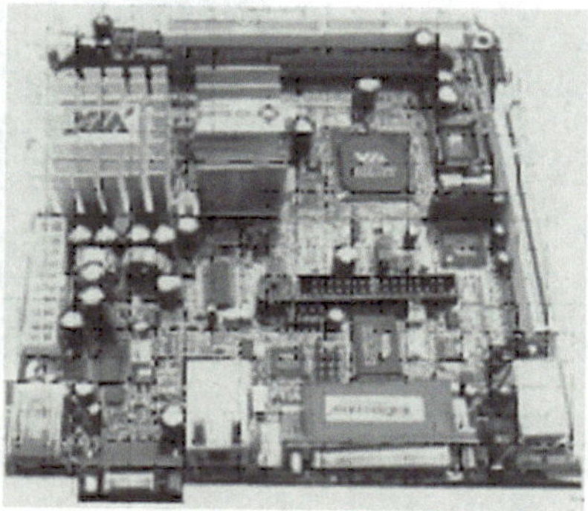

图 2-37 Baby AT 主板

(3)ATX 主板

ATX 主板广泛应用于家用计算机，是现在主板结构的主流。该类主板比 AT 主板设计更为先进、合理，与 ATX 电源结合得更好。ATX 主板的面积比 AT 主板要稍大一些，软驱和 IDE 接口都移到了主板中间，键盘和鼠标接口也由 COM 接口换成了 PS/2 接口，并且直接将打印接口和 PS/2 接口集成在主板上，如图 2-38 所示。

图 2-38 ATX 主板

(4)BTX 主板

BTX 主板是 ATX 主板的改进型，它使用窄板(Low-profile)设计，使部件布局更加紧凑。针对机箱内外气流的运动特性，对主板的布局进行了优化设计，使计算机的散热性能和效率更高，噪声更小，主板的安装拆卸也变得更加简便。

BTX 在一开始就制定了 3 种规格，分别是 BTX、Micro BTX 和 Pico BTX。3 种 BTX 的宽度都相同，都是 266.7mm，不同之处在于主板的大小和扩展性有所不同。图 2-39 所示为 BTX 主板。

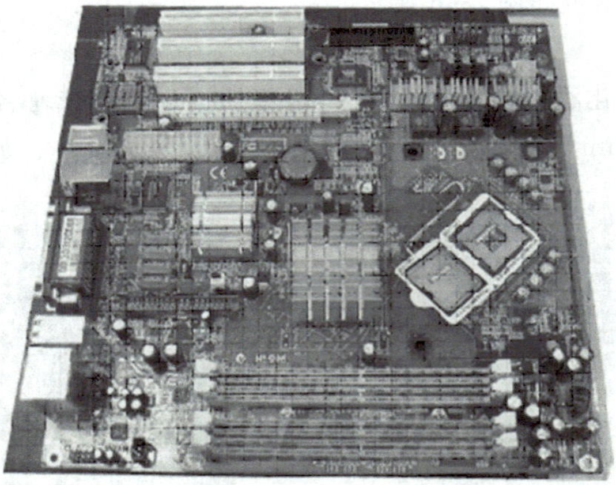

图 **2-39　BTX** 主板

5. 主板的选购

(1)支持 CPU 类型

在选购主板时，应首先根据选用的 CPU 类型确定主板 CPU 插槽，目前主要分为 Intel 和AMD 两大类。

(2)芯片组型号

芯片组是主板的核心与灵魂，一块主板的功能强弱很大程度上是由芯片组的功能所决定的，目前芯片组的生产厂家主要有 Intel、AMD、nVIDIA、VIA、SiS 等。

(3)对其他设备的支持

根据内存、显卡等其他设备来检验主板是否具有相应插槽。例如，是否具有 DDR 3 内存插槽，是否具有 PCI-E×16 显卡插槽等。

(4)做工与用料

一般来说，性能良好的主板普遍采用 4 层或 6 层 PCB，大量使用钽电容和固态电容，其次 I/O 接口与插件普遍采用 AMP、富士康等产品。

(5)厂商与售后服务

目前生产主板的较大厂商有华硕、微星、技嘉、华擎、升技、精英等，一般主板提供 1 年保修服务，部分产品提供 3 年保修服务。

技能训练

以实验室现有计算机为主要对象，两个人一组来认识一台计算机中的主板，熟悉主板的结构及布线方式。

操作思路如下。

①切断计算机电源，将计算机的机箱侧面打开。

②找到计算机中的主板。

③观察主板上的各插槽及接口的特点及安装位置。

④画出主板的结构图并标明主板主要接口、插槽名称及相关设备。

⑤合上计算机的机箱侧面。

任务完成

①熟悉 ATX 主板结构，画出结构简图。

②调查了解并比较各种主流主板的性能。

任务2 认识 CPU

任务描述

小李家的计算机是5年前的老机器，速度很慢还经常出问题，听说同学家里用的是最新的"酷睿 i7 四核"CPU，他想知道这种类型的 CPU 和自己家的老 CPU 有什么不同，为此，小李买了一本关于计算机硬件方面的书籍，要查看一下自己家的计算机和同学家的计算机到底有什么差距。

任务分析

"酷睿 i7 四核"指的是 CPU 的型号，CPU 即中央处理器，是计算机的核心，是决定计算机的性能最关键和最具代表性的部件，负责处理、运算计算机内部的所有数据。CPU 从雏形发展壮大到今天，它的制造技术越来越先进，集成度越来越高。微型计算机的发展过程，其实就是 CPU 从低级到高级、从简单到复杂发展的过程。而且 CPU 的性能大致反映出它所代表的那台计算机的性能，因此，CPU 的好坏对计算机非常重要。

要想得到 CPU 最新的知识，最好、最快捷的方法就是通过互联网来学习，许多大的网站(如中关村在线、太平洋电脑网、天极网等)上面都有关于 CPU 的各种参数、性能等的介绍说明。

任务实施

要完成小李的任务，可以通过互联网查看 CPU 的参数。打开 IE 浏览器访问太平洋电脑网，并在其中查看 Intel 公司的 Intel 酷睿 i7 3770K 四核 CPU 的性能参数，具体操作如下。

①在桌面上双击 IE 浏览器图标，打开 IE 浏览器窗口，在地址栏中输入 http：//www. pconline. com. cn，打开太平洋电脑网，如图 2-40 所示。

②在打开的网页中单击“CPU”超级链接，进入 CPU 页面，如图 2-41 所示。

图 2-40　太平洋电脑网

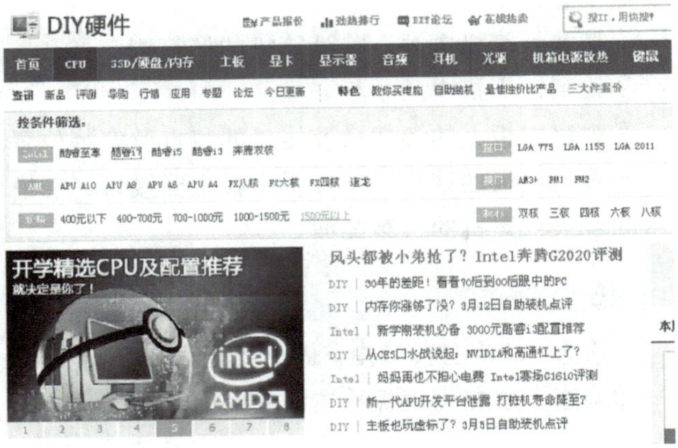

图 2-41　CPU 页面

③在打开的网页中，单击 CPU 产品信息当中的 Intel 酷睿 i7 3770K，查看其具体的参数，如图 2-42 所示。

型号	酷睿i7 3770K
芯片厂方	Intel
接口类型	LGA 1155
核心类型	Ivy Bridge
生产工艺	22纳米
核心数量	四核
线程数	八线程
主频	3.5GHz
Turbo Boost	支持
动态加速	3.9GHz
三级缓存	8M
功能参数	
显示核心型号	Intel HD Graphic 4000
显示核心频率	650MHz
支持内存频率	DDR3 1333MHz,DDR3 1600MHz
超线程技术	支持超线程技术
64位处理器	是
Virtualization (虚拟化)	无Virtualization(虚拟化)技术
工作功率	77W
其他参数	
属性关键字	64位处理器,超线程,四核处理器
产品质保信息	
客服电话	800-820-1100

图 2-42　酷睿 i7 3770K 具体参数

④用同样的方法查看 AMD 系列 CPU 的性能参数。

⑤对查到的各个 CPU 的参数做一下比较，看看有哪些不同。

当然，计算机之间的区别不只体现在 CPU 上，它还和主机中的许多其他配件有关系，其他配件的相关信息及查看方法我们会在后面的章节中学到。

相关知识

1. CPU 简介

CPU(Central Processing Unit)的中文名称是中央处理器，它由运算器和控制器组成。CPU 作为计算机的核心，负责整个系统的协调、控制以及程序运行。作为整个系统的核心，CPU 也是整个系统最高的执行单元，因此 CPU 已成为决定计算机性能的核心部件，很多用户都以它为标准来判断计算机的档次。

CPU 的生产厂商有 Intel、AMD、IBM、VIA、龙芯中科等。

目前 CPU 市场主要是美国的 Intel 和 AMD 两家公司平分秋色。Intel 公司生产的 CPU 主要有酷睿、奔腾、赛扬等系列，AMD 公司生产的 CPU 主要有羿龙、速龙、闪龙等系列。

2. CPU 的封装技术

所谓封装技术，是一种将集成电路用绝缘的塑料或陶瓷材料打包的技术。说简单些就是将 CPU 套上外衣，这样就能保证 CPU 核心与空气隔离开来，避免尘埃的侵害。好的封装设计还有助于 CPU 芯片散热，并很好地让 CPU 与主板连接。

由于现在处理器芯片的内频越来越高，功能越来越强，引脚数越来越多，封装的形式也不断地在变迁，从 DIP、PQFP、PLCC、PGA、BGA 到 FC-PGA，技术指标一代比一代先进，如图 2-43 所示。

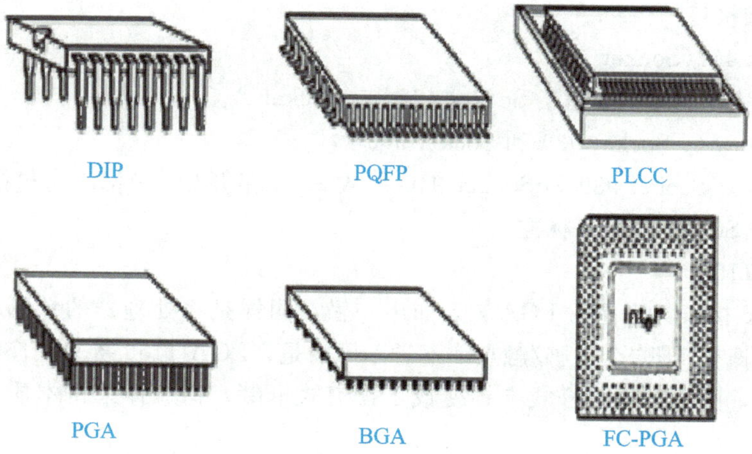

图 2-43　CPU 的封装形式

3. CPU 的接口标准

CPU 需要通过某个接口与主板连接才能进行工作。CPU 采用的接口方式主要有引脚式、卡式、触点式、针脚式等。目前 CPU 的接口形式都是针脚式接口，对应到主板上就有相应的插槽类型。CPU 接口类型不同，在插孔数、体积、形状上都有变化，所以不能互相插接。

目前 CPU 按其安装插座规范可分为 Socket x 和 Slot x 两大架构。以下是目前常见的接口标准。

(1) Socket 370

Socket 370 是 Intel 为 Pentium Ⅱ的简化版本 Celeron(赛扬)系列微处理器而开发的，针脚数为 370 针。

(2)Socket 423

Intel 最初推出 Pentium 4 时，重新开发的一种架构，即 Socket 423，针脚数为 423 针。

(3) Socket 478

Intel 推出的第二种 Pentium 4 架构即 Socket 478，针脚数为 478 针。

(4)Socket 775

Socket 775 又称为 Socket T，是目前应用于 Intel LGA 775 封装的 CPU 所对应的接口，目前采用此种接口的有 LGA 775 封装的单核心的 Pentium 4、Pentium 4 EE、Celeron D 以及双核心的 Pentium D 和 Pentium EE 等 CPU。与以前的 Socket 478 接口 CPU 不同，Socket 775 接口 CPU 的底部没有传统的针脚，而代之以 775 个触点，即并非针脚式而是触点式，通过与对应的 Socket 775 插槽内的 775 根触针接触来传输信号。Socket 775 接口不仅能够有效提升处理器的信号强度、提升处理器频率，同时也可以提高处理器生产的良品率，降低生产成本。随着 Socket 478 的逐渐淡出，Socket 775 已经成为 Intel 桌面 CPU 的标准接口。

(5)Socket 462(Socket A)

2000 年 7 月，AMD 推出了 Socket 462——Socket A。

(6)Socket 754、Socket 939 和 Socket 940

Socket 754、Socket 939 和 Socket 940 是从 2003 年开始，AMD 公司推出的 Athlon 64 系列和部分 Sempron 接口标准。

(7)LGA 1156

LGA 1156 接口与之前的 LGA 775 如出一辙，同样是将处理器的针脚转移到了主板插座上，总共拥有 1156 个针脚/触点。不过不同的是，LGA 1156 接口底座的卡锁方式发生了一些变化，由原来的拉杆式卡锁变成了铆钉式卡锁，但总体来讲本质上并没有发生变化。

(8)LGA 1366

随着 Intel 的 tick-tock 战略的施行，新一代 Nehalem 架构处理器进入了用户的视线。

从这一架构开始，Intel 放弃了已经使用 10 年之久的 FSB 概念，转为使用更为先进的、带宽更高的 QPI 总线，并且正式将属于北桥功能的内存控制器整合进了 CPU 当中，可支持三通道 DDR3 内存。为了能够支持 QPI 总线所带来的超高带宽，LGA 775 接口被放弃，新的 LGA 1366 接口诞生了。

新推出的 LGA 1366 接口与 QPI 总线的搭配带来了当前最为极致的性能，即使是采用了这一接口的最低端型号，与同价位的产品相比都拥有绝对优势。这主要是与新的 QPI 总线的引入以及整合内存控制器的架构设计有关。

(9)LGA 2011

LGA 2011 又称 Socket R，是英特尔(Intel)Sandy Bridge-EX 微架构 CPU 所使用的 CPU 接口。LGA 2011 接口将取代 LGA 1366 接口，成为 Intel 最新的旗舰产品。

LGA 2011 接口有 2011 个触点，将包含以下新特性。

- 处理器最高可达八核。
- 支持四通道 DDR3 内存。
- 支持 PCI-E 3.0 规范。
- 芯片组使用单芯片设计，支持两个 SATA 3Gbit/s 和多达 10 个 SATA /SAS 6Gbit/s 接口。

(10)Socket AM2

Socket AM2 是 2006 年发布的 AMD 64 位桌面 CPU 的接口标准，具有 940 根 CPU 针脚，支持双通道 DDR2 内存。按照 AMD 的规划，Socket AM2 接口将逐渐取代原有的 Socket 754 接口和 Socket 939 接口，从而实现桌面平台 CPU 接口的统一。

(11)Socket AM3

AMD 于 2009 年发布了首批共 5 款采用 Socket AM3 接口的 Phenom Ⅱ X4/X3 系列处理器。CPU 针脚数由原来 AM2 的 940 根针脚改为 938 根针脚。

图 2-44 为各种类型的 CPU 插座接口。

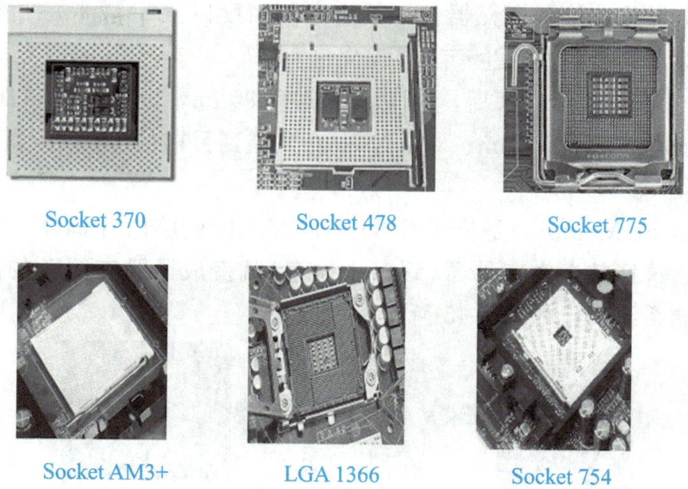

图 2-44 常见的 CPU 插座接口

4. CUP 的性能指标

(1)主频

CPU 主频也叫时钟频率，是 CPU 内核(整数和浮点运算器)电路的实际运行频率，主频的单位是 MHz(兆赫兹)。

(2)外频

外频是 CPU 乃至整个计算机系统的基准频率，单位是 MHz(兆赫兹)。

外频与前端总线(FSB)频率很容易被混为一谈。前端总线的速度指的是 CPU 和北桥芯片间总线的速度，更实质性地表示了 CPU 和外界数据传输的速度。也可这样认为，前端总线的频率有两个概念：一就是总线的物理工作频率(即外频)，二就是有效工作频率(即 FSB 频率)，它直接决定了前端总线的数据传输速度。

(3)倍频

CPU 的倍频全称是倍频系数。CPU 的核心工作频率与外频之间存在着一个比值关系，这个比值就是倍频系数。

CPU 主频的计算方式变为：主频＝外频×倍频。也就是倍频是指 CPU 和系统总线之间相差的倍数，当外频不变时，倍频越高，CPU 主频也就越高。

(4)前端总线

前端总线的英文是 Front Side Bus，通常用 FSB 表示，是将 CPU 连接到北桥芯片的总线。计算机的前端总线频率是由 CPU 和北桥芯片共同决定的。

目前 PC 机上所能达到的前端总线频率有 266MHz、333MHz、400MHz、533MHz、800MHz 几种，前端总线频率越高，代表着 CPU 与北桥芯片之间的数据传输能力越强，更能充分发挥出 CPU 的功能。

(5)制作工艺

通常所说的 CPU 的“制作工艺”指的是在生产 CPU 过程中，所进行的加工各种电路和电子元件，制造导线连接各个元器件。其生产的精度以 μm(微米)来表示，并有向 nm(纳米)发展的趋势，精度越高，生产工艺越先进。

芯片制作工艺在 1995 年以后，从 0.5μm、0.35μm、0.25μm、0.18μm、0.13μm、0.09μm、0.065μm(65nm)、45nm、32nm，一直发展到目前的 22nm。

(6)二级缓存容量

CPU 缓存(Cache Memory)是位于 CPU 与内存之间的临时存储器，它的容量比内存小但交换速度快。这样整个内存储器(缓存＋内存)就变成了既有缓存的高速度，又有内存的大容量的存储系统了，如图 2-45 所示。

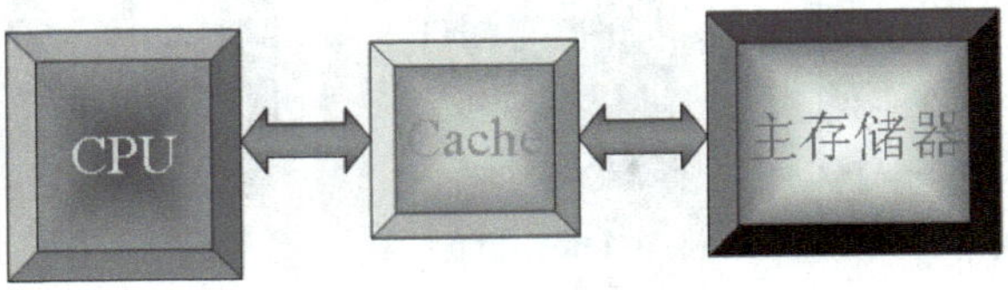

图 2-45　内存储器系统

CPU产品中，一级缓存的容量基本在4～64KB，二级缓存的容量则分为128KB、256KB、512KB、1MB、2MB等。一级缓存容量各产品之间相差不大，而二级缓存容量则是提高CPU性能的关键。

(7)工作电压

CPU的工作电压是指CPU正常工作时所需的电压。早期CPU的工作电压一般为5V，随着CPU主频的提高，CPU工作电压有逐步下降的趋势，以解决发热过高的问题。

(8)CPU的字长

计算机技术中对CPU在单位时间内(同一时间)能一次处理的二进制数的位数称为字长。

(9)64位技术

这里的64位技术是相对于32位而言的，这个位数指的是CPU GPRs(General-Purpose Registers，通用寄存器)的数据宽度为64位，64位指令集就是运行64位数据的指令，也就是说处理器一次可以运行64bit数据。

目前主流CPU使用的64位技术主要有AMD公司的AMD64技术、Intel公司的EM64T技术。

5. CPU散热器

CPU作为整个计算机的灵魂的确很重要，但一款好风扇对于CPU的正常使用也是不可小视的。只要一开机，它就得时时刻刻为CPU工作；若它一罢工，轻则过热死机，重则芯毁机亡。无论Intel还是AMD，CPU都已经到了与散热器不可分割，甚至丝毫也不能马虎的程度。CPU的风扇和散热片可以说是目前最实效、最方便、最常用的CPU降温方法，因此选购一款好的CPU散热器是十分必要的。CPU散热器如图2-46所示。

图2-46 CPU散热器

下面介绍CPU散热器的性能参数。

(1)风扇功率

风扇功率越大，风扇风力越强劲，散热效果也就越好。而风扇的功率与风扇的转速又是有直接联系的，也就是说风扇的转速越高，风扇也就越强劲有力。目前市场上出售的风扇一般都是直流12V的，功率的大小需要根据CPU发热量来选择。

(2)风扇转速

风扇的转速与风扇的功率是密不可分的，转速的大小直接影响到风扇功率的大小。

通常认为，在一定的范围内，风扇的转速越高，它向CPU传送的进风量就越大，CPU获得的冷却效果就会越好。但是一旦风扇的转速超过它的额定值，那么风扇在长时间超负荷之下工作时，本身也会产生热量，时间越长产生的热量也就越大，此时风扇不但不能起到很好的冷却效果，反而会"火上浇油"；另外，风扇在高速运转过程中，可能会产生很强的噪声，时间长了会缩短风扇寿命；还有，较高的运转速度需要较大的功率来提供动力源，而高动力源又是从主板和电源的高功率中获得的，主板和电源在超负荷功率下就会经常引起系统的不稳定。因此，在选择风扇的转速时，应该根据CPU的发热量决定，最好选择转速在3500～5200r/min的风扇。

(3)风扇材质

CPU的热量传导到散热片，经风扇带来的冷空气吹走，而传导的热量快慢是由组成风扇的导热片的材质决定的，因此散热器的材料质量对热量的传导性能具有决定性的作用，在选择散热器时一定要注意风扇导热片的热传导性是否良好。

(4)风扇噪声

衡量风扇质量高低的另外一个外在表现是噪声大小。试想一下，如果买回来的风扇噪声很大，就算风扇其他性能非常完好，自己心里也不踏实，因为太大的噪声将极大影响我们操作计算机的心情。噪声大小通常与风扇的功率有关，功率越大，转速也就越快，此时一个负面影响也就表现出来了，那就是噪声。因此，在购买风扇时，一定要试听一下风扇的噪声，如果太大，那么最好不要购买；当然风扇发出噪声，不一定都是风扇质量的问题，也有可能是风扇的转轴润滑效果不行，或者是风扇没有被正确安装好，如果是这样的话，最好能重新给风扇定位，或者给风扇的转轴加上一些润滑剂，以保证其润滑效果良好。

(5)风扇形状

风扇形状通常是指组成风扇的散热片的形状。由于风扇的形状对进风和排风影响很大，而进风和排风又会直接关系到最后的散热效果，因此从某种意义上来说，风扇的形状对风扇的工作性能也有一定的影响。

(6)风扇排风量

风扇排风量是一个比较综合的指标，是衡量一个风扇性能的最直接因素。测试一个风扇排风量的方法很容易，只要将手放在散热片附近感受一下吹出的风的强度即可，通常质量好的风扇，即使在离它很远的位置，也仍然可以感到风流，这就是散热效果上佳的表现。

6. CPU的发展史

(1)8086 CPU

8086 CPU是16位的处理器，1979年由Intel公司推出，如图2-47所示。内部数据总线16位，外部数据总线8位。内含29000个晶体管，时钟频率4.77MHz，地址总线20位，寻址范围1MB。

(2)80286 CPU

80286 CPU是16位的处理器，1982年由Intel公司推出，如图2-48所示。内含13.4

万个晶体管，时钟频率由最初的 6MHz 提高到 20MHz。内部和外部数据总线皆为 16 位，地址总线为 24 位，寻址范围达 16MB。

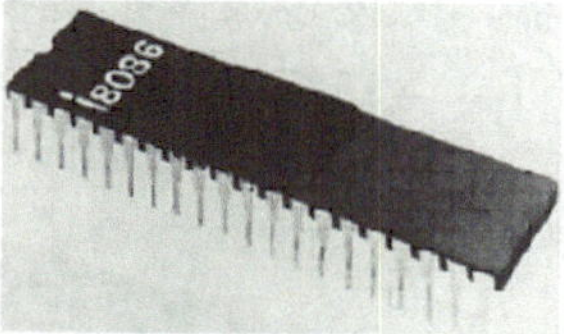

图 2-47　8086 CPU

图 2-48　80286 CPU

(3)80386 CPU

80386 CPU 是 32 位处理器，1985 年由 Intel 公司推出，如图 2-49 所示。内含 27.5 万个晶体管，最初的时钟频率为 12.5MHz，后提高到 20MHz、25MHz、33MHz。内部和外部数据总线都是 32 位，地址总线也是 32 位，寻址范围达 4GB。

图 2-49　80386 CPU

图 2-50　80486 CPU

(4)80486 CPU

80486 CPU 是 32 位处理器，1989 年由 Intel 公司推出，如图 2-50 所示。集成了 120 万个晶体管，时钟频率从开始的 25MHz 提高到 33MHz、50MHz、66MHz。首次将数字协处理器和一个 8KB 的高速缓存集成到微处理器芯片内，并采用 RISC 技术，可以在一个时钟周期内执行一条指令。

(5)Pentium 处理器

1993 年 Intel 公司推出 Pentium 处理器，如图 2-51 所示。内含 310 万个晶体管，时钟频率由最初的 60MHz 提高到 200MHz。

图 2-51　Pentium 处理器

图 2-52　Pentium Pro 处理器

(6)Pentium Pro 处理器

1996 年 Intel 公司推出 Pentium Pro 处理器，如图 2-52 所示。内含 550 万个晶体管，

内部时钟频率为133MHz。一级缓存为16KB，有一个256KB的二级缓存。

(7)Pentium MMX处理器

1996年Intel公司推出Pentium MMX处理器，内设多媒体扩展指令集(MultiMedia Extensions)，如图2-53所示。其一级缓存为32KB，含二级缓存。

图 2-53 Pentium MMX 处理器

图 2-54 Pentium Ⅱ 处理器

(8)PentiumⅡ处理器

1997年Intel公司推出Pentium Ⅱ处理器，集成有750万个晶体管，主频有233MHz、266MHz、300MHz、333MHz，如图2-54所示。

(9)Celeron处理器

1998年Intel公司推出高性价比CPU——Celeron，如图2-55所示。Celeron是32位处理器，其二级缓存及相关电路被抽离，图形运算功能和运行速度受到一定影响。

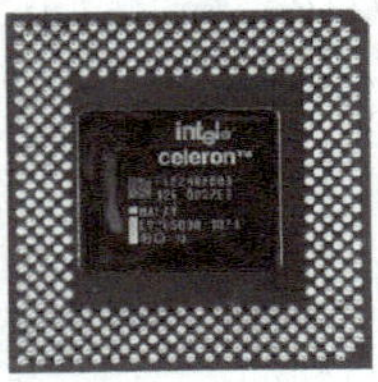

图 2-55 Celeron 处理器

图 2-56 Pentium Ⅲ 处理器

图 2-57 Pentium 4 处理器

(10)Pentium Ⅲ处理器

1999年Intel公司推出Pentium Ⅲ，如图2-56所示。Pentium Ⅲ是32位处理器，主频有450MHz、500MHz，增加了SSE多媒体指令集。

(11)Pentium 4处理器

2000年Intel公司发布了Pentium 4处理器，它是32位的处理器，如图2-57所示。具有400MHz的前端总线，SSE2指令集，256～512KB的二级缓存，全新的超管线技术以及NetBurst架构，初始主频为1.3GHz。

(12)64位处理器

64位处理器有Intel的Prescott和AMD的Athlon 64系列等，如图2-58所示。

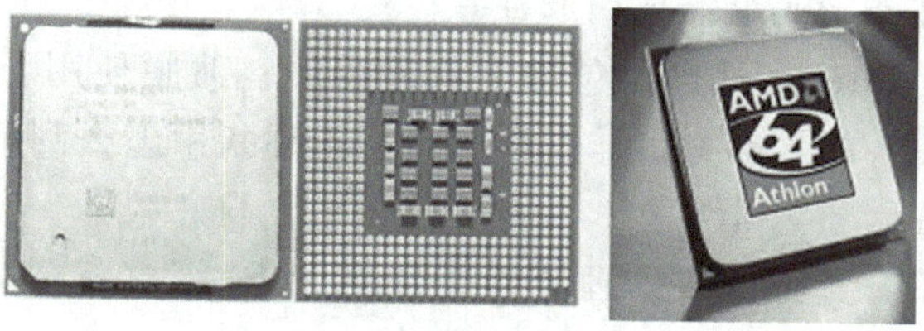

图 2-58　64 位处理器

7. GPU

GPU(Graphic Processing Unit)的中文翻译为“图形处理器”。GPU 是相对于 CPU 的一个概念，由于在现代的计算机中(特别是家用系统，游戏的发烧友)图形的处理变得越来越重要，需要一个专门处理图形的核心处理器。

GPU 是显示卡的“大脑”，它决定了该显卡的档次和大部分性能，同时也是 2D 显示卡和 3D 显示卡的区别依据。2D 显示芯片在处理 3D 图像和特效时主要依赖 CPU 的处理能力，称为“软加速”。3D 显示芯片是将三维图像和特效处理功能集中在显示芯片内，也即所谓的“硬件加速”功能。显示芯片通常是显示卡上最大的芯片(也是引脚最多的)。现在市场上的显卡大多采用 nVIDIA 和 AMD-ATI 两家公司的图形处理芯片。

8. CPU 的选购

CPU 是计算机最重要的部件之一，其性能直接影响到主机的速率，所以选购一款合适的 CPU 非常重要。首先，在决定选购何种 CPU 之前，一定要明确装机的目的，不要盲目追赶潮流。

(1)确定类型，按需选择

一般来讲，AMD 的性价比较好，Intel 的则稳定性高，正确划分用户群是合理选购 CPU 的前提。初级用户通常是学生和初学者，他们买机器的主要目的就是学习、处理基本文档、上网、听音乐和看电影等。因此对 CPU 的要求不是很高，所以选择相对低端的产品即可。中级用户一般对计算机知识有一定的了解，对计算机的操作使用相当熟悉，也是最大的用户群体，选择中端 CPU 要好一些。对于专业图形处理者、超级游戏玩家和超级发烧友等高级用户来讲，选择双核或多核类高主频的 CUP 相对来说要好些。

CPU 市场种类繁多，情况复杂，有很多假货、水货。不法商家的主要手段就是以次充好或 Remark。以次充好就是以坏的 CPU 冒充好的 CPU。Remark 即将表面的印刷字体打磨掉，重新印刷新的字体，从而达到以低频充当高频的目的。

(2)CPU 的鉴别方法

①软件法。软件测试是一种鉴别 CPU 比较保险的方法。例如 WCPUID 软件，只要在计算机上运行一下，就可得知 CPU 的真假。

②观察法。以 Intel 的 CPU 为例介绍如何识别。

首先，注意看封装线，正品盒装 Intel CPU 的塑料封纸的封装线不可能在右侧条形码处，如果发现封装线在条形码处需要引起注意。

其次，看水印字，Intel 在处理器包装上包裹的塑料薄膜使用了特殊的印字工艺，薄膜上的 Intel Corporation 的水印文字非常牢固，无论用指甲怎么刮都刮不下来，而假盒装上的印字就不那么牢固，质量非常差。

接着，看激光标签，真正盒装处理器外壳左侧的 P4 激光标签采用了四层着色技术，层次丰富，字迹清晰，假货则做不到这样精美。

最后，还可以用电话查询。盒装标签上有一串很长的编码，可以通过拨打厂商的查询热线来查询产品的真伪。

技能训练

以实验室现有的计算机为主要对象，两个人一组来认识一台计算机中的 CPU，熟悉 CPU 的外形和结构。

①切断计算机电源，将计算机侧面的机箱面板打开。

②找到计算机中 CPU 所在的位置。

③将 CPU 的散热器取下。

④将 CPU 取下，并观察 CPU 的正面和背面的外形和结构。

任务完成

①上网查找 Intel 酷睿 2 双核 E6600 型和 AMD 羿龙 9500 型 CPU 的性能参数。

②在自己的计算机中，用 CPU 检测软件(如 CPU-Z)查看计算机中 CPU 的型号，并记录下 CPU 的各项性能指标。

任务 3 认识计算机中的存储设备

任务描述

小李是职教中心高一的新生，在“网页制作”课上老师要求每位学生都要自己准备“U 盘”或者“移动硬盘”，以便以后上课时保存自己的练习和提交作业，“U 盘”到底是什么样的东西呢？这让以前在乡下的小李很是困惑，他想了解一下各种存储设备的性能、品牌以及购买时需要注意的问题。

任务分析

U 盘(USB flash disk)，全称 USB 闪存驱动器。它是一种使用 USB 接口的无需物理驱动器的微型高容量移动存储产品，通过 USB 接口与计算机连接，实现即插即用。

除了 U 盘以外，计算机还有许多其他的存储设备，主要分为内存储器和外存储器，内存储器分为 RAM(随机存储器)和 ROM(只读存储器)。其中 RAM 又叫做内存或主存，用于存放计算机正在运行的程序和数据，它会和 CPU 频繁地交换数据，里面存储的内容会随着计算机的关闭而丢失。而 ROM 恰好相反，只能从中读取数据而不能任意写入数据，即使计算机断电里面的内容仍然可以保存，因此多用于一次性写入的程序和数据。

外存储器种类繁多，硬盘、光盘、软盘、U 盘和移动硬盘等都属于外存储器，其中硬盘是容量最大的存储器，U 盘是使用比较方便的存储器。

小李可以通过专业书籍来查阅相关的存储器知识，了解各种存储器的品牌、性能，当然最快捷的方法还是通过互联网进行学习。

任务实施

①双击 Internet Explorer 浏览器图标，在地址栏中输入太平洋电脑网的网址 http://www.pconline.com.cn，打开相应的网站，如图 2-59 所示。

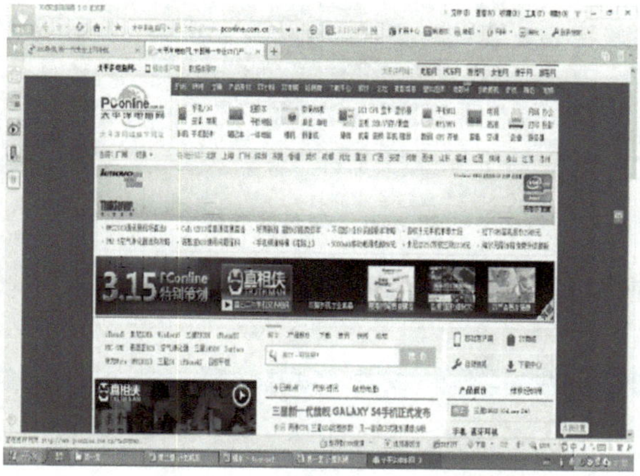

图 2-59　太平洋电脑网

②在打开的网页中查看相应的存储器产品。

③在打开的网页中单击“硬盘”超链接。

④在搜索引擎的文本框中输入要查找的硬盘型号，如“ST1000DM003”，如图 2-60 所示。

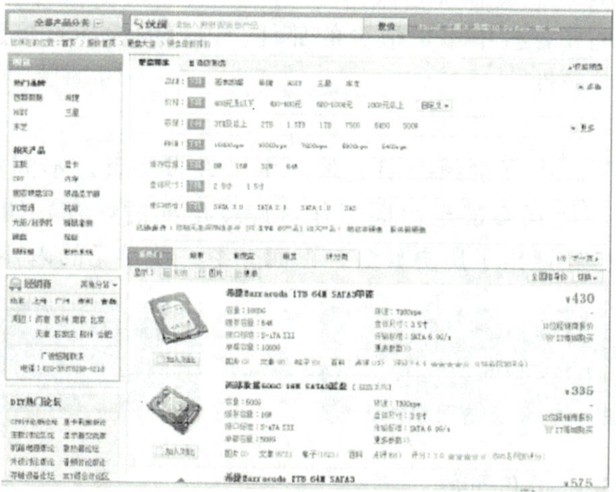

图 2-60　搜索硬盘

⑤在打开的网页中，单击查找到的 ST1000DM003 硬盘的超链接。

⑥在打开的网页中单击“参数”选项卡，即可在显示的页面中看到 ST1000DM003 硬盘的性能参数，如图 2-61 所示。

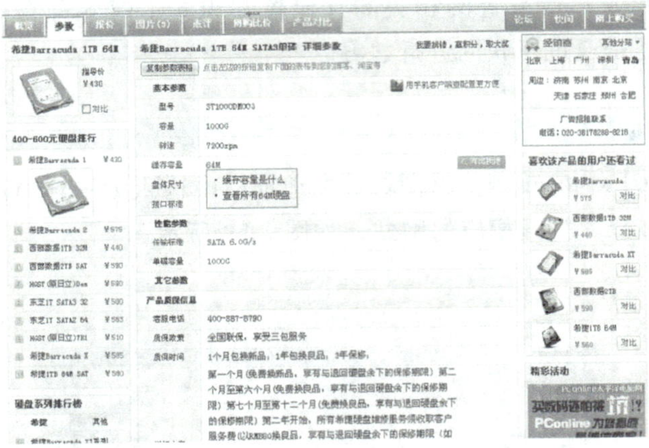

图 2-61　硬盘的参数

⑦用类似的方法查看 U 盘等其他存储设备的性能参数。

相关知识

1. 内存

内存也叫主存，是 PC 系统存放数据与指令的半导体存储器单元，也叫主存储器(Main Memory)，通常分为只读存储器(Read Only Memory，ROM)、随机存储器(Random Access Memory，RAM)和高速缓存存储器(Cache)。我们平常所指的内存条其实就是 RAM，其主要的作用是存放各种输入、输出数据和中间计算结果，以及与外部存储器交换信息时做缓冲之用。

由此可见，内存是计算机中不可缺少的部件。内存的性能直接影响到计算机系统的运行速率、稳定性和兼容性。

(1)内存的分类

经过长时间的发展，内存也因新旧交替产生了许多类型。不同类型内存的工作方式不一样，因此它们也不能互换甚至协同工作。许多早期的内存，如 FPM DRAM、EDO DRAM、SDRAM 等已经退出了历史舞台，下面介绍一些常见的内存。

图 2-62　RDRAM 内存条

图 2-63　SDRAM 内存条

①RDRAM 内存。RDRAM(存储器总线式动态随机存储器)是 Rambus 公司开发的一

种新型 DRAM，如图 2-62 所示。从技术上看，RDRAM 是一种比较先进的内存，但由于市场价格高，在市场上得不到普及，所以很快就退出了历史舞台。

②SDRAM 内存。SDRAM(同步动态随机存储器)的两面都有金手指，如图 2-63 所示，它是直接插在内存插槽中的，因此这种结构也叫“双列直插式”，英文名称叫做“DIMM”。目前绝大多数内存都采用这种“DIMM”结构。SDRAM 采用的是 168 线的生产标准。

③DDR 内存。DDR 内存也叫 DDR SDRAM，即双数据传输率同步动态随机存储器，如图 2-64 所示。DDR SDRAM 是在同步动态随机存储器的基础上，采用延时锁定环技术提供通信信号对数据进行精确定位，在脉冲的上升沿和下降沿都可以传输数据，这样就在不提高时钟频率的情况下，使数据传输率提高了一倍。它是采用 184 个接触点的内存生产标准，其包括 DDR266、DDR333 和 DDR400 共 3 种型号，DDR400 的数据传输速率可达到 3.2GB/s。

④DDR2 内存。DDR2 内存是在 DDR 内存的基础上发展而来，其数据传输速度比 DDR 内存更快。由于采用了 240 个接触点的内存生产标准，因此其不能安装在支持 DDR 内存的插槽上。目前 DDR2 内存主要型号包括 DDR2 533、DDR2 667、DDR2 800、DDR2 1066 以及 DDR2 1200 等。DDR2 内存条如图 2-65 所示。

图 2-64 DDR 内存条

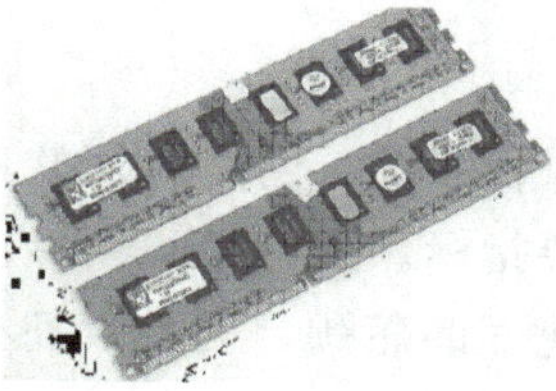

图 2-65 DDR2 内存条

⑤DDR3 内存。DDR3 是第三代的 DDR SDRAM，DDR3 比 DDR2 有更低的工作电压，从 DDR2 的 1.8V 降落到 1.5V，性能更好也更省电；DDR3 目前最高能够达到 2000MHz 的频率，而最快的 DDR2 内存频率仅为 1200MHz。目前 DDR3 内存的主要型号包括 DDR3 1066、DDR3 1333、DDR3 1600、DDR3 1800 以及 DDR3 2000 等。DDR3 接口采用与 DDR2 SDRAM 相同的 240 针的 DIMM 接口，不过它们之间并不互相兼容。

(2)内存结构

内存主要由 PCB 印制电路板、金手指、内存芯片、SPD 芯片、内存条卡槽等组成。

①PCB 印制电路板。PCB 就是指内存条的电路板，通常用几层 PCB 制造，就说有几层电路板。多数是绿色的 4 层或 6 层的印制电路板。

②金手指。金手指是内存条与内存插槽之间的连接部件，所有的信号都是通过金手指进行传送的。

③内存芯片。内存芯片又称内存颗粒，是内存的灵魂。内存的性能、速率、容量都是由封装的内存芯片决定的。目前的内存条一般由 8 片规格、型号完全相同的同品牌的内存颗粒芯片封装而成。

④内存条卡槽。内存条卡槽用来指示内存条的插入方向以及区分不同线数的内存条。

⑤SPD 芯片。SPD 芯片是一个 8 脚的小芯片，它实际上是一个 EEPROM 可擦写存储器，容量为 256B，里面记录厂商名称、单片容量、芯片类型、工作速度和生产日期等内容，还可能有电压、容量系数和一些厂商的特殊标志在里面。

(3)内存的选购指标

目前市面上的主流内存是 DDR2 和 DDR3 内存。对于内存条的选购，我们主要看以下几个指标。

①内存容量。容量是指该内存条的存储容量，内存容量越大，越有利于系统的运行。目前，主流台式机中采用的内存容量为 2GB 或更高。

②主频。内存主频是指内存芯片的工作频率，以 MHz 或 GHz 为单位来计量。在主板支持的情况下，内存主频越高，其传输数据的速度越快。

③CL 值。当 CPU 需要向内存读取数据时，在实际读取之前一般都有一个“缓冲期”，而“缓冲期”的时间长度，就是这个 CL 值。内存的 CL 值越低越好。

④内存品牌。内存存储芯片的优劣直接影响整个内存运行时的稳定性，因此选择知名品牌的内存产品，其质量才能够有所保障，目前常见的内存品牌主要有金士顿、宇瞻、三星、现代和胜创等。

2. 硬盘

无论是操作系统，还是应用软件，都需要安装在硬盘上运行。容量和速度是衡量硬盘性能的重要指标。无论 CPU 和内存的速度有多快，如果硬盘的速度不够快，势必会形成制约整机速度的瓶颈。因此，拥有一块高品质、大容量、高转速的硬盘是一台计算机不可或缺的。

(1)硬盘的工作原理

硬盘是利用特定的磁粒子的极性来记录数据。磁头在读取数据时，将磁粒子的不同极性转换成不同的电脉冲信号，再利用数据转换器将这些原始信号变成计算机可以使用的数据，写的操作正好与此相反。

(2)硬盘的内部结构

硬盘内部结构由固定面板、控制电路板、盘头组件、接口及附件等几大部分组成，如图 2-66 所示。盘头组件是构成硬盘的核心，封装在硬盘的净化腔体内，包括浮动磁头组件、磁头驱动机构、盘片及主轴驱动机构、前置读/写控制电路等。

图 2-66 硬盘的内部结构

(3)硬盘的外部结构

1956 年，IBM 公司制造出世界上第一台硬盘驱动器，它由 50 片直径为 24in(1in=2.54cm)的磁盘组成，容量仅为 5MB，是一个体积有 $1m^3$、重达上百千克的庞然大物。1973 年，IBM 公司制造出第一块采用“温彻斯特”技术的硬盘，容量为 640MB，有几十千克重。与软盘相比，硬盘具有速度快、容量大、可靠性高、几乎不存在磨损的特点。目前，硬盘正朝着容量更大、体积更小、速度更快、性能更可靠、价格更便宜的方向发展。

目前市场上的硬盘除少数 5.25in 结构外，其他绝大多数都为 3.5in 结构产品，各种硬盘的结构都是相似的。

(4)硬盘的接口

①硬盘的数据接口。数据接口是硬盘和主板控制器之间进行数据传输交换的纽带。目前常见的硬盘数据接口有 IDE 和 SATA 两种。

IDE 接口：IDE 接口的意思是指把控制器与盘体集成在一起的硬盘驱动器，也叫 ATA 接口，常见的 IDE 设备还有光驱。它通过专用的 IDE 数据线，将具有 IDE 接口的硬盘或光驱与主板连接起来。IDE 是 40 针标准的接口。

SATA 接口：新的 SATA(Serial ATA，即串行 ATA)技术，是 Intel 公司发布的接口类型，是目前比较流行的硬盘和光驱的数据接口，使用其专用的 SATA 数据线，能得到比 IDE 接口更快的数据传输速率。目前 SATA 接口具有两种不同的类型，即 STAT1 和 SATA2，其中 SATA1 的传输速率为 150MB/s，SATA2 的传输速率为 300MB/s。它们的接口外形完全相同，也相互兼容。SATA 是 7 针标准的数据接口。

②电源接口。电源接口与主机电源相连，为硬盘工作提供能源。

IDE 硬盘的电源接口由 4 根金属针组成，如图 2-67 所示，其外形酷似一个英文字母“D”，因此也称为 D 形电源接口；而 SATA 硬盘的电源接口则采用了由 15 根金属针组成的扁平接口，如图 2-68 所示。

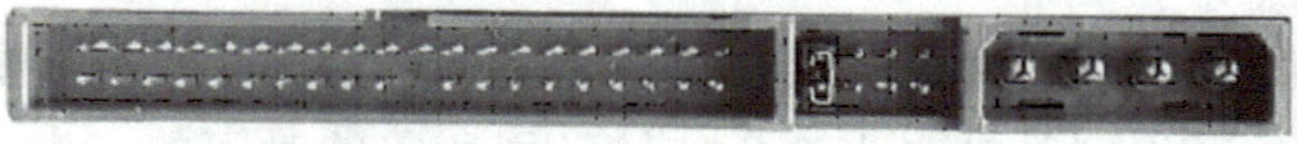

图 2-67　IDE 硬盘接口

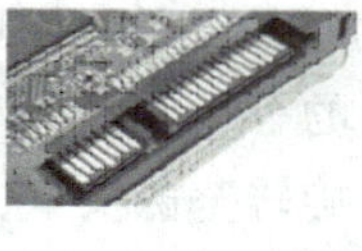

图 2-68　SATA 硬盘接口

(5)硬盘的分类

硬盘是计算机最重要的部件之一，按不同的标准分，其种类很多。

①根据接口分。根据接口分，硬盘可分为 IDE 接口的硬盘、SCSI 接口的硬盘、USB 接口的硬盘、SATA 接口的硬盘。

②根据转速分。根据转速分，硬盘可分为 4500 转、5400 转、7200 转和 10000 转的硬盘等。

③根据尺寸分。根据尺寸分，硬盘可分为 1.8in、2.5in、3.5in、5.25in 硬盘。台式机一般为 3.5in 硬盘，笔记本一般用 2.5in 硬盘。

④根据位置分。根据位置分，硬盘分为内置式和外置式两种。

⑤根据缓存分。根据缓存分，硬盘可分为 2MB、8MB 和 16MB 缓存的硬盘。

(6)硬盘的性能指标

硬盘的性能指标主要是由硬盘内部的硬盘容量、硬盘转速、硬盘缓存、平均访问时间、硬盘的传输速度以及硬盘的安全技术因素决定的。

①转速。转速是硬盘内电机主轴的旋转速度，也就是硬盘盘片在一分钟内所能完成

的最大转数。硬盘的转速越快，硬盘寻找文件的速度也就越快，相对地硬盘的传输速度也就得到了提高，硬盘的整体性能也就越好。硬盘转速以每分钟多少转(r/min)来表示。

②容量。作为计算机系统的数据存储器，容量是硬盘最主要的参数。

硬盘的容量以兆字节(MB)或吉字节(GB)为单位，1GB=1024MB。但硬盘厂商在标称硬盘容量时通常取1GB=1000MB，因此我们在BIOS中或在格式化硬盘时看到的容量会比厂家的标称值要小。

硬盘的容量指标还包括硬盘的单碟容量。所谓单碟容量是指硬盘单片盘片的容量，单碟容量越大，单位成本越低，平均访问时间也越短。

③缓存。缓存(Cache memory)是硬盘控制器上的一块内存芯片，具有极快的存取速度，它是硬盘内部存储和外界接口之间的缓冲器。由于硬盘的内部数据传输速度和外界介面传输速度不同，缓存在其中起到一个缓冲的作用。缓存的大小与速度是直接关系到硬盘传输速度的重要因素，对硬盘整体性能有很大影响。目前市场上主流硬盘缓存容量主要有8MB、16MB和32MB三种。

④平均访问时间。平均访问时间(Average Access Time)是指磁头从起始位置到达目标磁道位置，并且从目标磁道上找到要读写的数据扇区所需的平均时间。

平均访问时间体现了硬盘的读写速度，它包括了硬盘的寻道时间和等待时间，即平均访问时间=平均寻道时间+平均等待时间。

硬盘的平均寻道时间(Average Seek Time)是指硬盘的磁头移动到盘面指定磁道所需的平均时间。这个时间当然越小越好，目前硬盘的平均寻道时间通常在8～12ms，而SCSI硬盘的平均寻道时间则应小于或等于8ms。

硬盘的等待时间又叫潜伏期(Latency)，是指磁头已处于要访问的磁道，等待所要访问的扇区旋转至磁头下方的时间。平均等待时间为盘片旋转一周所需的时间的一半，一般应在4ms以下。

⑤传输速率。硬盘的数据传输速率(Data Transfer Rate)是指硬盘读写数据的速度，单位为兆字节每秒(MB/s)。硬盘数据传输速率又包括了内部数据传输速率和外部数据传输速率。

内部传输速率(Internal Transfer Rate)也称为持续传输速率(Sustained Transfer Rate)，它反映了硬盘缓冲区未用时的性能。内部传输速率主要依赖于硬盘的旋转速度。

外部传输速率(External Transfer Rate)也称为突发数据传输速率(Burst Data Transfer Rate)或接口传输速率，它标称的是系统总线与硬盘缓冲区之间的数据传输速率，外部数据传输速率与硬盘接口类型和硬盘缓存的大小有关。

⑥连续无故障时间(MTBF)。该指标是指硬盘从开始运行到出现故障的最长时间，单位是小时。一般硬盘的MTBF至少在30000h以上。

⑦硬盘表面温度。该指标表示硬盘工作时产生的温度使硬盘密封壳温度上升的情况。

⑧SMART技术。Self-Monitoring，Analysis and Reporting Technology，即“自监测、分析及报告技术”。SMART监测的对象包括磁头、磁盘、电机、电路等，由硬盘的监测电路和主机上的监测软件对被监测对象的运行情况与历史记录及预设的安全值进行分析、

比较，当出现安全值范围以外的情况时，会自动向用户发出警告，而更先进的技术还可以提醒网络管理员的注意，自动降低硬盘的运行速度，把重要数据文件转存到其他安全扇区，甚至把文件备份到其他硬盘或存储设备。

(7)硬盘的选购

目前市面上的硬盘品牌主要是IBM、日立、希捷、迈拓、西部数据、三星等，在购买的时候一定要根据自己的实际情况去选择合适的硬盘。在购买硬盘的时候考虑的因素无非是以下几点：接口、容量、速度、缓存、噪声、发热和质量等。

①硬盘转速。硬盘的转速是值得仔细考虑的地方，因为即使是容量相同的硬盘，从性能上看，7200 r/min要比5400 r/min有了不小的提升。目前7200 r/min的硬盘为市场主流，而5400 r/min硬盘则一般用于笔记本电脑。

②硬盘容量。当前常见硬盘产品主要有80GB、120GB、160GB、320GB、500GB和1TB等容量。其中320GB和500GB的产品性价比较高，是购机的首选。要根据用户自己的实际情况去选购相应容量的产品。

③单碟容量。单碟容量就是指一张硬盘碟片的容量，单碟容量的大小对硬盘的容量有至关重要的影响，还是决定硬盘速度的关键因素，它决定了硬盘的持续数据传输速度，所以单碟容量也是我们选购硬盘的参考依据。

④接口类型。硬盘接口封装在硬盘上，是连接硬盘驱动器和主板的专用部件。目前市面上流行的硬盘驱动器接口的类型主要有IDE和SATA两种。用户可根据购买的主板类型来选择硬盘的接口。

⑤缓存容量。缓存是硬盘与外部总线交换数据的场所，硬盘的读过程是经过磁信号转换成电信号后，通过缓存的一次次填充与清空、再填充、再清空才一步步地按照PCI总线周期送出去，所以缓存的作用不容小视，缓存的容量与速度可以直接关系到硬盘的传输速率。

⑥稳定性。每个用户都希望自己的系统具有良好的稳定性，如果买了一个容量大、速度快的硬盘，但是偏偏稳定性不好，对于计算机来说那将是一个悲剧。所以，在选购硬盘的时候需要遵守一个原则，那就是淘汰的东西不买、最新的东西也尽量不买。原因很简单，淘汰的东西肯定是容量小而且技术落后，所以买了以后用不了多长时间就会感觉到落伍的尴尬；太新的产品不但价格贵，而且新产品采用的新技术并不是很成熟、完善，难免会出现缺陷。

⑦保修问题。硬盘出现故障后一般个人无法自己修理，所以售后服务非常重要。在选购硬盘的时候最好是选择大品牌的行货，一般的保修期都在1～3年。

3. 光驱

光存储产品一直在IT行业和用户中占有十分重要的地位，它的高存储容量、数据持久性、安全性一直深受广大用户的青睐。光存储设备主要包括光驱和光盘两部分，在使用光盘存储设备时二者缺一不可，光驱是读取和写入数据的工具，而光盘则用于存储数据。

(1)光盘存储器的种类

光盘存储器按读取或写入光盘的类型可分为 CD-ROM、DVD-ROM、DVD 刻录机等。

①CD-ROM。CD-ROM 是一种能够读取 CD、VCD、CD-ROM 格式光盘的光驱，如图 2-69 所示，它只能读取光盘，目前已经接近淘汰。

②DVD-ROM。DVD-ROM 是一种完全兼容 CD-ROM 并能够读取 DVD 格式光盘的光驱，如图 2-70 所示。现在市场上主流的光驱大部分是 DVD-ROM。

图 **2-69**　**CD** 光盘驱动器

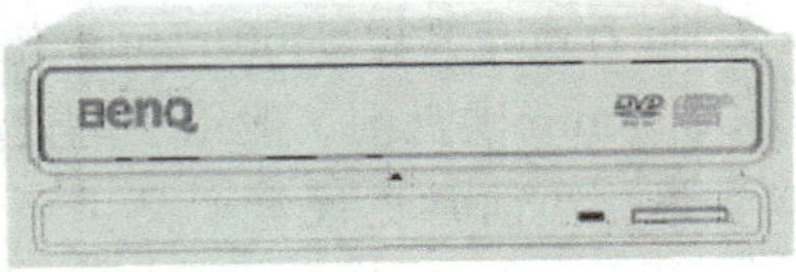

图 **2-70**　**DVD** 光盘驱动器

③DVD 刻录机。DVD 刻录机是一种能读/写 CD-ROM、DVD-ROM 格式光盘的光驱，如图 2-71 所示。由于其功能强大，目前比较受用户的欢迎。

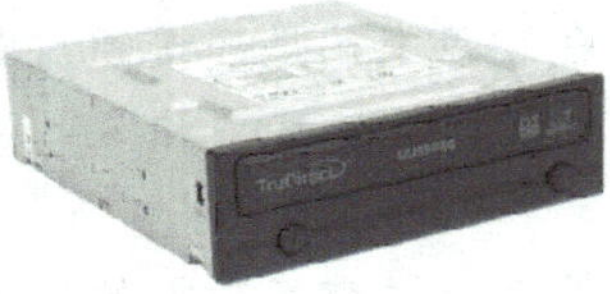

图 **2-71**　**DVD** 刻录机

(2)光驱的外观与结构

相对于其他多媒体设备，光驱具有较强的独立控制功能，其外观如图 2-72 所示。

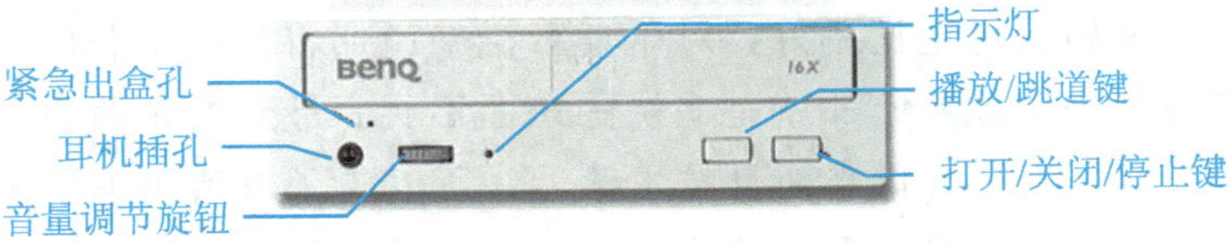

图 **2-72**　光驱外观

①底部结构。在光驱底部固定着机芯电路板，它包括了伺服系统和控制系统等主要的电路组成部分。用户可以用螺丝刀拆开固定底板的 4 颗螺钉，然后推动光驱底板取下金属挡板，这样可以看到光驱底部的 PCB 电路板。

②机芯结构。普通光驱的机芯包括以下几个部件。

● 激光头组件：包括光电管、聚焦透镜等组成部分，配合运行齿轮机构和导轨等机械组成部分，在通电状态下根据系统信号、读取光盘数据并通过数据带将数据传输到系统。

● 主轴马达：提供光盘运行的驱动力，并在光盘读取的高速运行过程中提供快速的数据定位功能。

● 光盘托架：在开启和关闭状态下作为光盘承载体。

● 启动机构：控制光盘托架的进出和主轴马达的启动。加电运行时，启动机构将使包括主轴马达和激光头组件的伺服机构都处于半加载状态中。

(3)光驱的工作原理

激光头是光驱的心脏，也是最精密的部分。它主要负责数据的读取工作，因此在清理光驱内部的时候要格外小心。激光头主要包括激光发生器(又称激光二极管)、半反射棱镜、物镜、透镜以及光电二极管这几部分。当激光头读取盘片上的数据时，从激光发生器发出的激光透过半反射棱镜，汇聚在物镜上，物镜将激光聚焦成为极其细小的光点并打到光盘上。此时，光盘上的反射物质就会将照射过来的光线反射回去，透过物镜，再照射到半反射棱镜上。由于棱镜是半反射结构，因此不会让光束穿透它并回到激光发生器上，而是经过反射，穿过透镜，到达了光电二极管上面。由于光盘表面是以突起不平的点来记录数据，所以反射回来的光线就会射向不同的方向。将射向不同方向的信号定义为"0"或者"1"，发光二极管接收到的是那些以"0"、"1"排列的数据，并最终将它们解析成为我们所需要的数据。

(4)光驱的性能指标

①数据传输率。数据传输率是光驱最基本的性能指标，表示光驱每秒能读取的最大数据量。通常以40X、52X等来判断光驱的速度，读法为"40倍速"、"52倍速"。最早的光驱的数据传输率不高，每秒钟只能传输150KB数据，这就是常说的单速光驱。目前，市面上的主流光驱多为52倍速，其传输率为52×150KB/s。DVD-ROM的1X倍速为1358KB/s。

②平均寻道时间。平均寻道时间又称平均访问时间，它是指光驱的激光头从初始位置移到指定数据扇区，并把该扇区上的第一块数据读入高速缓存所用的时间。显然，平均寻道时间越短，光驱的性能就越好。

③缓存容量。缓存的作用是提供一个数据的缓冲区域，将读取的数据暂时保存，然后一次性进行传输和转换。对于光盘驱动器来说，缓存越大，能减少读盘次数，提高数据传输率，光驱连续读取数据的性能越好。一般CD-ROM的缓存为128KB，DVD-ROM的缓存为512KB，DVD刻录机的缓存普遍为2～4MB，个别为8MB。

④光驱的读取方式。

● 恒定线速度(CLV)：指光驱在读取光盘内圈和外圈数据时，光驱马达的转速不同，但读出的数据传输率保持不变。

● 恒定角速度(CAV)：这种读取方式保持光驱马达转速恒定，其数据传输率是可变的。

● 部分恒定角速度(PCAV)：是指当激光头读不出数据时，主轴速度降低一半，如果再读不出来，再降低一半，如此反复，直到可以读取数据为止。

⑤光驱的接口。光驱的接口方式有IDE、SATA、SCSI和USB接口。一般的用户都是使用IDE接口或是SATA接口的光驱。目前IDE接口的光驱正逐步被SATA接口的光驱所取代。

(5)光驱的选购技巧

随着数字影音多媒体时代的来临，DVD-ROM 以其高存储量和无可挑剔的影音画质，受到了众多消费者的青睐和追捧，再加上厂商方面的大力推广，DVD 光驱已经日益大众化。在选购 DVD-ROM 时，有以下几点需要特别注意：品牌、价格 、速度、多格式支持、接口方式、数据缓存。

①品牌。购买前可以先看一下品牌，一个信誉良好的品牌是选购一款好 DVD 光驱的关键之一。当前主流的光驱品牌有三星、LG、SONY、华硕、明基等。

②价格。现今市面上常见的 DVD 光驱价格一般在 100～200 元，这是用户都能承受的价位。

③速度。速度即数据的传输率，一般 DVD-ROM 其标称的倍速是单指读取 DVD 盘片时的数据传输率。

④多格式支持。一般来说，一款合格的 DVD 光驱除了要兼容 DVD-ROM、DVD-VIDEO、DVD-R、CD-ROM 等常见格式外，对于 CD-R/RW、CD-I、VIDEO-CD、CD-G 格式都要能很好地支持。

⑤接口方式。DVD 光驱的接口有 IDE 接口、SATA 接口、SCSI 接口和 USB 接口，选择 SATA 接口的光驱较好。

⑥数据缓存。同硬盘一样，DVD 光驱的数据缓存容量的大小也直接影响其整体性能，缓存容量越大，它的数据传输率就越高。

4. 移动存储设备

移动存储设备是指一种能够随身携带的数据存储设备，它通常用于计算机之间传输数据信息或进行多媒体娱乐。常见的移动存储设备包括移动硬盘、U 盘、数据存储卡、各种类型的播放器等。

(1)USB 闪存盘

USB 闪存盘采用 USB 接口，俗称 U 盘。闪存盘就是采用闪存(Flash Memory)作为存储器的移动存储设备。闪存具有掉电后保持存储的数据不丢失的特点，因此 U 盘成为理想的移动存储设备。常见 U 盘的外观如图 2-73 所示。

图 2-73　U 盘外观

闪存盘使用的是 USB 接口，USB 接口标准有 USB1.1 和 USB2.0 两种。USB1.1 接口的最大数据传输率是 12Mbit/s，USB2.0 接口的最大数据传输率是 480Mbit/s。

闪存盘的实际速度与采用的芯片、计算机的配置、读写文件的大小等因素有关。如读写速度是随着文件的变大而变快，读取的速度要比写入的速度快。

在具有启动 USB 设备的主板中，U 盘可以引导操作系统，启动计算机，但需要对主板 BIOS 设置，并在 U 盘上安装系统启动部分的软件。

(2)MP3 播放器

MP3 播放器就是可播放 MP3 格式的音乐播放工具，如图 2-74 所示，也可将其作为 U 盘使用。MP3 是一种音频信号压缩格式标准。

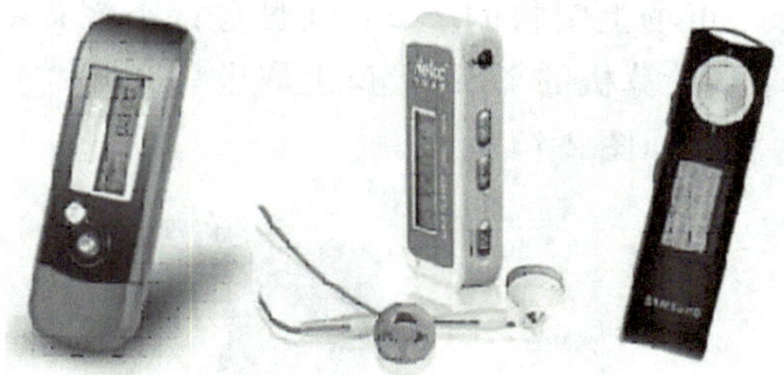

图 2-74 MP3 播放器

MP3 播放器主要由 LCD 液晶屏、解码主芯片、Flash 闪存、导航键等组成，如图 2-75 所示。

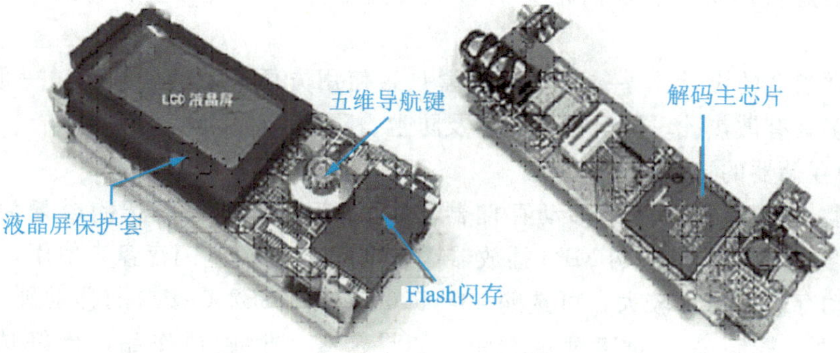

图 2-75 MP3 播放器内部结构

(3)移动硬盘

移动硬盘是用普通的硬盘连接一个 IDE 到 USB 的转换器，实现大容量 U 盘的目的。完成 IDE(或 SATA)接口到 USB 通用接口转换的装置就是移动硬盘盒。

移动硬盘具有容量大、体积小、支持热插拔、支持 USB1.1/2.0 标准等特点，容量有 40GB、80GB、120GB 等，规格有 1.8in、2.5in 和 3.5in。

①移动硬盘的结构。当前市场上可供挑选的移动硬盘很多，其基本结构都是相同的。移动硬盘包括硬盘、接口转换电路、电源连线和外壳等部分，如图 2-76 所示。

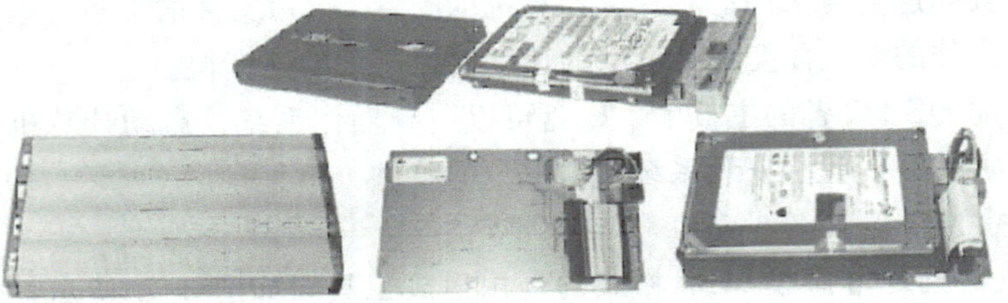

图 2-76　移动硬盘与硬盘盒

②移动硬盘盒的电源。市场上销售的 2.5in 硬盘盒都不配备电源，在 USB 数据线上多了一个 USB 插头，用于从计算机的 USB 接口上取电。3.5in 移动硬盘盒都配备交直流转换器，有内置和外置两种，如图 2-77 所示。

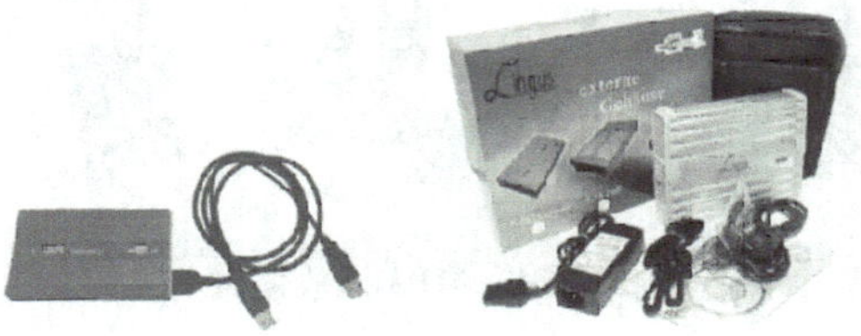

图 2-77　带电源移动硬盘

③移动硬盘盒的材质。目前常见的移动硬盘盒用料一般有塑料、铝以及铝镁合金三种。

④移动硬盘盒的设计。一款移动硬盘盒是否使用方便，设计是关键，一般而言，移动硬盘盒大多具有散热孔、硬盘指示灯以及防尘、防滑、防震设计。

(4)移动存储器的选购

现在用得最多和最方便的移动存储器是 USB 闪存盘，一般选购容量为 512MB～16GB。如果喜爱音乐，可选购 MP3 播放器，它也可作为 USB 闪存盘来使用，价格稍贵。如果需要移动存储的文件较大，可选购 40～500GB 的 USB2.0 接口的移动硬盘，其体积小、携带方便，复制文件的速度也较快。如果需要保存影视作品，最好选购容量为 160GB 以上的 3.5in 硬盘，配一个硬盘盒，最经济实惠。

技能训练

以实验室现有计算机为主要对象，两个人一组来进行以下训练。

1. 认识计算机中的内存

本次训练将根据前面所讲的知识认识计算机中的内存，并熟悉内存的外形和结构，能够分辨出不同类型的内存。

操作思路如下。

①切断计算机的电源，将机箱侧盖打开。

②找到内存所在的位置，小心地将内存取出。

③观察其接口和主板内存插槽的形状。

④将内存装好，并合上计算机的机箱侧面板。

2. 认识计算机中的硬盘

本次训练将根据前面所讲的知识认识计算机中的硬盘，并熟悉硬盘的外形和结构，能够分辨出不同类型的硬盘。

操作思路如下。

①切断计算机的电源，将机箱侧盖打开。

②找到硬盘所在的位置，小心地将硬盘的数据线和电源线取下。

③观察其接口和硬盘形状。

④将硬盘和数据线及电源线装好，并合上计算机的机箱侧面板。

3. 认识计算机中的光驱

本次训练将根据前面所讲的知识认识计算机中的光驱，并熟悉光驱的外形和结构，能够分辨出不同类型的光驱。

操作思路如下。

①切断计算机的电源，将机箱侧盖打开。

②找到光驱所在的位置，小心地将光驱的数据线和电源线取下。

③观察其接口和光驱形状。

④将光驱和数据线及电源线装好，并合上计算机的机箱侧面板。

任务完成

①列举 3 个以上硬盘的生产厂商及主要硬盘型号。

②了解自己计算机中安装的光驱是什么型号，并试着读取不同种类的光盘。

任务 4 认识计算机的输入/输出设备和其他设备

任务描述

武梅在课余时间喜欢打“CS”游戏，可是最近一段时间键盘和鼠标总是反应迟钝，不能够很好地发挥自己的游戏水平，能不能将键盘和鼠标的反应时间缩短点呢？武梅找到了教计算机硬件的高老师，想多了解一些关于键盘和鼠标的知识。

任务分析

输入/输出设备是计算机系统的重要组成部分，输入设备是向计算机内输入信息的设备，其功能是将计算机程序、文本、图形、图像、声音以及现场采集的各种数据转换成计算机能够处理的数据形式并输送到计算机。输出设备是把计算机处理好的结果转换为文本、图形、图像及声音等形式并输出的设备。

常见的输入设备有键盘、鼠标、扫描仪和话筒等。

输出设备的种类很多，常见的有显示器、打印机、投影仪、绘图仪、音箱等。

任务实施

本任务可以通过简单的键盘/鼠标设置实现，操作方法如下。

①单击“开始”按钮，接着选择“设置”，找到“控制面板”命令，在打开的“控制面板”窗口找到“键盘”或者“鼠标”图标，双击打开。

②在“速度”选项卡中可设置键盘和鼠标的相关选项。

相关知识

1. 键盘

键盘是计算机系统中最基本的输入设备，虽然随着图形用户界面的出现，鼠标在很大程度上取代了键盘的操作功能，但在文本、数据输入等方面，键盘还是有其独特的优势。

键盘按其键数可分为84键、101键、104键和107键等多种键盘，目前普遍使用的是104键的Win98键盘，如图2-78所示。

图 2-78　键盘

(1)键盘的功能分区

键盘按功能的不同可以分为4个区，如图2-79所示。

①打字键区：共61个键，包括26个字母、10个数字、各种标点符号、空格、回车等键。

②编辑控制键区：共13个键，可以操作光标和菜单。

③数字小键区：同财务计算器。

④功能键区：包括12个F键及Esc键。

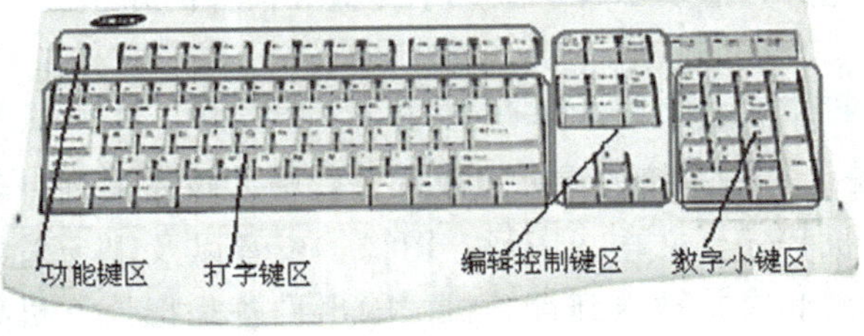

图 2-79　键盘的功能分区

(2)键盘的接口

键盘按接口分主要有 AT 接口键盘、PS/2 接口键盘、USB 键盘和无线键盘 4 种，图 2-80 所示为微软的无线键盘。

图 2-80 无线键盘

(3)键盘的选购技巧

①注意键位布局。

②注意选购符合自己使用习惯的键盘。

③注意键盘做工。

④体验操作手感，感觉舒适度。

⑤注意是否带有可编程的快捷键。

⑥键盘正朝着多功能的方向发展，许多键盘除了标准的 104 键外，还有几个甚至十几个附加功能键，选购时注意附加功能键的多少。

⑦了解品牌，目前市场上键盘的著名品牌有明基、罗技、微软、三星、飞利浦、爱国者等。

2. 鼠标

在图形界面下鼠标是一种重要的输入设备，主要用于选择菜单、操作程序、绘图、浏览网页等。

(1)鼠标的分类

①按鼠标的接口分类，目前常见的鼠标有串口鼠标、PS/2 接口鼠标和 USB 接口鼠标三种。

串口鼠标如图 2-81 所示。串口是比较古老的鼠标接口，是一种 9 针或 25 针的 D 形接口，串口的数据传输率低，不支持热插拔，现在已经淘汰。

PS/2 接口的鼠标是目前最常见的鼠标，如图 2-82 所示。PS/2 接口的传输速率比串口稍快一些，而且是 ATX 主板的标准接口，是目前应用最广泛的接口标准之一，PS/2 接口也不支持热插拔。

USB 接口是一种新型的鼠标接口，它可以提供非常高的数据传输率，能够使各种中高端鼠标完全发挥其性能，并且支持热插拔。目前 USB 接口鼠标已开始逐步取代 PS/2 接口鼠标，如图 2-83 所示。

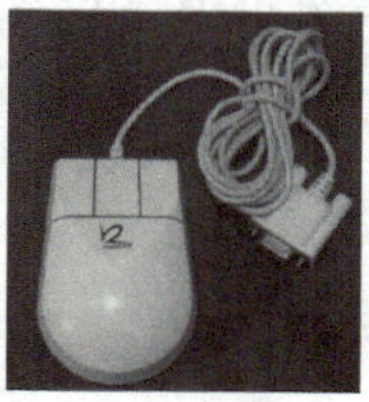

图 2-81 串口鼠标

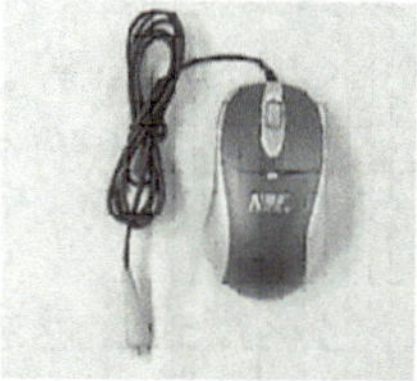

图 2-82 PS/2 接口鼠标

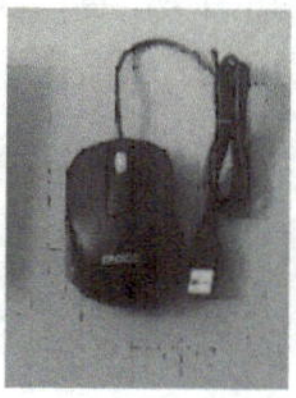

图 2-83 USB 接口鼠标

②按鼠标的工作原理分类，可将鼠标分为机械鼠标和光电鼠标。

机械鼠标主要通过移动鼠标时，底部鼠标球带动与之接触的 X 轴和 Y 轴上的滑轮来传送信号。

光电鼠标利用发光二极管(LED)与光敏三极管的组合来测量位移，通过两者之间的夹角使 LED 发出的光照到光电板后，反射给光敏三极管，由鼠标中电路检测到的光的强弱转变成表示位移的脉冲，以此传送信号。

(2)鼠标选购的注意事项

由于计算机外部设备越来越丰富，端口资源日益紧张，因此选购鼠标时若主板支持 PS/2 接口，应尽可能选购 PS/2 接口的鼠标。

选购鼠标时以适度为原则，比如分辨率为 300d/in、400d/in、520d/in(点/英寸)的鼠标，价格可能有差异，但使用时一般用户感觉不出其差异。

3. 扫描仪

扫描仪是将图片、图像、文字等信息输入计算机中并形成数字信号的一种输入设备。

(1)工作原理

扫描仪首先对原稿进行光学扫描，然后将光学图像转送到光电转换器中变为模拟信号，再将模拟信号转换为数字信号，最后通过计算机接口送到计算机中。

(2)扫描仪的分类

扫描仪可以分为平板式扫描仪、胶片扫描仪、滚筒式扫描仪等。

①平板式扫描仪：功能简单，能快速扫描图片、照片及文稿等，如图 2-84 所示。

②滚筒式扫描仪：它可以对面积较大的文稿进行动态扫描，其扫描精度和色彩逼真程度都比平板式扫描仪高，但价格相对来说要贵些，如图 2-85 所示。

图 2-84 平板式扫描仪

图 2-85 滚筒式扫描仪

(3)扫描仪的主要技术参数

①光学分辨率：扫描仪的光学系统可采集的实际信息量。常见的有 300×600d/in、600×600d/in、600×1200d/in、1200×1200d/in 等。

②最大分辨率：又称插值分辨率，是利用软件对扫描出的图像进行修补计算后的分辨率。

③色彩分辨率：又称色彩深度、色彩模式、色彩位或色阶，单位 bit，表示色彩所用的二进制位数。

(4)选购扫描仪的注意事项

①扫描幅面：通常有 A4、A4 加长、A3 等，建议选用 A4 幅面的扫描仪。

②分辨率：分辨率越高效果越好，但价格也会相应提高，因此适中即可，插值分辨率对一般家庭用户意义不大。

③色彩位数：反映图像色彩与实物色彩的接近程度，对一般用户来说，30bit 色彩的扫描仪就足够了，专业图像制作则应选 36bit。

④灰度级：反映扫描图像由暗(黑)到亮(白)层次，家用扫描仪灰度级多为 10 级。

4. 显示器

显示器又称“监视器”，是计算机系统中最重要的输出设备，是计算机的“脸面”。

目前市场上的显示器主要有两类，一是 CRT(阴极射线管)显示器，如图 2-86 所示，二是液晶显示器，如图 2-87 所示。液晶显示器有许多优点，如占用空间小、低功耗、低辐射、无闪烁等，随着价格越来越低，逐步将取代 CRT 显示器。

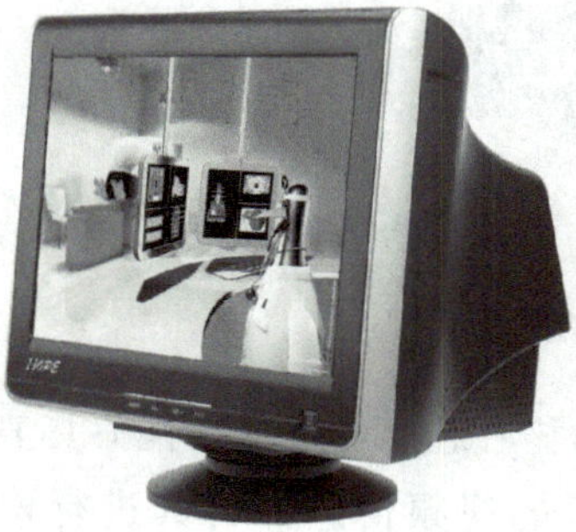

图 2-86　CRT 显示器

图 2-87　液晶显示器

显示器的主要性能指标有以下几个。

①屏幕尺寸。屏幕尺寸是指显像管的对角线的长度，以英寸为单位，通常有 15in、17in、19in 和 21in，或者更大。一般可视尺寸要小于所标示的尺寸，比如 15in 的可视范围为 13.7in，17in 的可视范围为 15.7in。目前 19in 显示器是市场的主流。

②点距。屏幕上相邻两个同色点的距离称为点距，一般有 0.28mm、0.25mm、0.20mm 等。显示器的点距越小，在高分辨率下越容易取得清晰的显示效果。

③分辨率。分辨率指屏幕上像素的数目，像素是指组成图像的最小单位。目前 17in 的 CRT 显示器分辨率一般可以达到 1280 像素×1024 像素。

④灰度和颜色深度。灰度指像素点亮度的级别数，灰度的级别数越多，图像层次越清晰。颜色深度指计算机中表示色彩的二进制位数，一般有 4 位、8 位、16 位、24 位等。

⑤刷新频率。刷新频率指每秒内屏幕画面刷新的次数。刷新频率越高，画面闪烁越小。显示器通常的刷新频率在 75～90Hz。

⑥辐射和环保标准。早期“能源之星”这样的标准，目前一般显示器都具备了。现在主要看是否符合 MPR II 和 TCO 标准。MPR II 是由瑞典国家测量测试局制定的标准，现已被采纳为世界性显示器质量标准。符合这一标准的显示器对人体的伤害大大减小，被称为低辐射显示器。

5. 显卡

显卡又被称为视频卡、显示适配器等。它是主机与显示器之间连接的“桥梁”，作用是控制计算机的图形输出，负责将 CPU 送来的影像数据处理成显示器识别的格式，再送到显示器形成图像。

(1)显卡的结构

显卡主要由显示芯片、显示内存、PCB 板、视频接口及与主板间的接口几部分组成，如图 2-88 所示。

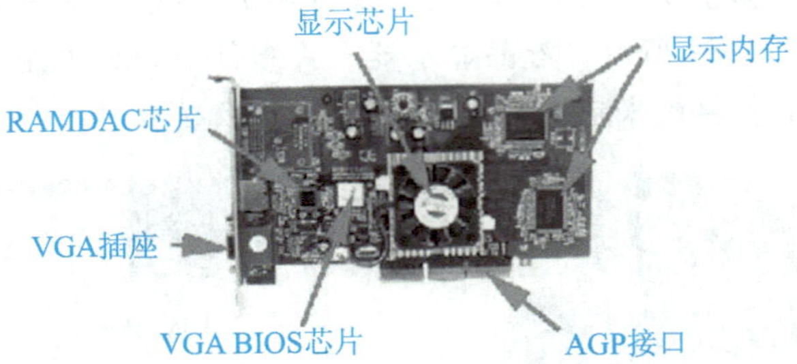

图 **2-88** 显卡结构组成

①显示芯片及 RAMDAC。显示芯片是显卡的核心芯片，它的性能好坏直接决定了显卡性能的好坏，它的主要任务就是处理系统输入的视频信息并将其进行构建、渲染等工作。

因为显示芯片的复杂性，目前设计、制造显示芯片的厂家只有 nVIDIA、ATI、SiS、3DLabs 等几家公司。

RAMDAC 是 Random Access Memory Digital/Analog Convertor 的缩写，即随机存取内存数字/模拟转换器。

②显示内存。显存是显示内存的简称，其主要功能就是暂时储存显示芯片要处理的数据和处理完毕的数据。图形核心的性能越强，需要的显存也就越多。以前的显存主要是 SDR 的，容量也不大。2012 年市面上的显卡大部分采用的是 GDDR3 显存，最新的显卡则采用了性能更为出色的 GDDR5 显存。

③显卡 BIOS 芯片。显卡 BIOS 芯片中储存了显卡的硬件控制程序，另外还储存有显卡的型号、规格、生产厂家及出厂时间等信息。打开计算机时，通过显卡 BIOS 内的一段控制程序，将这些信息反馈到屏幕上。早期显卡 BIOS 是固化在 ROM 中的，不可以修改，而截至 2012 年底，多数显卡采用了大容量的 EPROM，即所谓的 Flash BIOS，可以通过专用的程序进行改写或升级。

④显卡 PCB 板。显卡 PCB 板就是显卡的电路板，它把显卡上的各个部件连接起来，功能类似主板。

⑤显卡接口。显卡接口是指显卡与主板连接所采用的接口，显卡的接口决定着系统

之间数据传输的最大带宽，一般要求数据传输能力很高。目前主要有AGP接口和PCI-E接口。

●AGP接口。AGP(Accelerate Graphical Port)，即加速图像处理端口是Intel公司开发的一个视频接口技术标准，是为了解决PCI总线的低带宽而开发的接口技术。它通过将图形卡与系统主内存连接起来，在CPU和图形处理器之间直接开辟了更快的总线。其发展经历了AGP1.0（AGP1X/2X）、AGP2.0（AGP4X）、AGP3.0（AGP8X）。最新的AGP8X其理论带宽为2.1GB/s。到2009年，已经被PCI-E接口基本取代。AGP接口显卡如图2-89所示。

●PCI-E接口。用于取代AGP接口的PCI-E接口，能够提供5GB/s的带宽，但由于其接口形状不同，所以具有PCI-E X16标准的显卡与AGP显卡的接口不兼容。PCI-E接口显卡如图2-90所示。

图2-89　AGP接口显卡

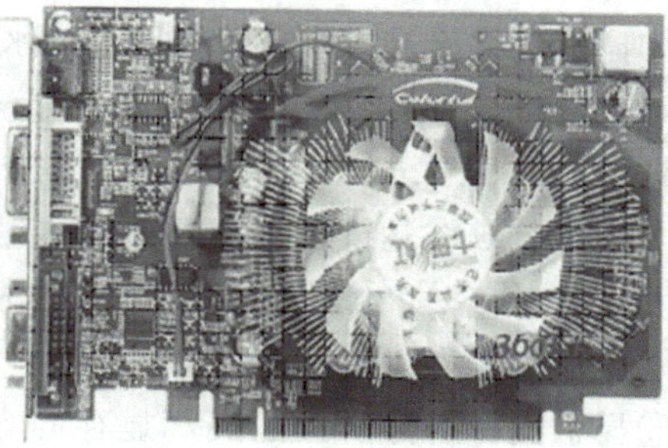

图2-90　PCI-E接口显卡

⑥显卡的输出端口。目前常用的显卡输出端口有VGA接口、DVI接口和S端子三种，如图2-91所示。

●VGA接口。VGA接口是一种能够输出模拟信号支持CRT显示器的接口。

●DVI接口。DVI接口传输的是数字信号，通常用于连接液晶显示器，DVI接口数据传输率比VGA要快，输出的图形信号更清晰、更逼真。目前DVI接口有两种，一个是DVI-D接口，其只能接受数字信号；另外一种是DVI-I接口，可同时兼容模拟信号和数字信号。

●S端子。S端子是显卡输出信号到电视的相关接口。

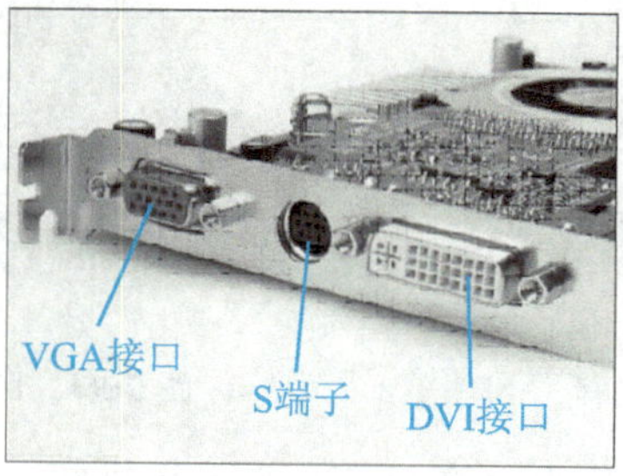

图2-91　显卡的输出端口

(2)显卡的主要性能指标

显卡的性能指标主要有刷新频率、色彩位数、显示分辨率、最大分辨率和显存等。

①刷新频率是指图像在显示器上更新的速度，也就是图像每秒在屏幕上出现的帧数，单位是 Hz。刷新频率越高，屏幕上图像的闪烁感就越小，图像越稳定，视觉效果越好。一般刷新频率在 75Hz 以上时，人眼对影像的闪烁才不易察觉。这个性能指标主要取决于显卡上 RAMDAC 的转换速度。

②色彩位数又叫色彩深度，图形中每一个像素的颜色是用一组二进制数来描述的，这组描述颜色信息的二进制位数就称为色彩位数。色彩位数越高，显示图形的色彩越丰富。通常所说的标准 VGA 显示模式是 8 位显示模式，即在该模式下能显示 256 种颜色；增强色(16 位)能显示 65536 种颜色，也称为 64K 色；24 位真彩色能显示 1677 万种颜色，也称为 16M 色，在该模式下看真彩色图像的色彩和高清晰度照片已经没什么差别了。另外，还有 32 位、36 位和 42 位色彩位数。

③显示分辨率是指组成一幅图像的水平像素和垂直像素的乘积，通常以“横向点数×纵向点数”表示，如 1024×768。显示分辨率越高，屏幕上显示图像像素越多，则图像显示也越清晰。显示分辨率和显示器、显卡有密切的关系。

④最大分辨率是指显卡或显示器能显示的最高分辨率，在最高分辨率下，显示器的一个发光点对应一个像素。如果设置的显示分辨率低于显示器的最高分辨率，则一个像素可能由多个发光点组成。

⑤显卡支持的分辨率越高，显存的容量也越大，显卡的功能就越强，但价格也必然越高。

6. 机箱

机箱是主机的外壳，用于安装主机的所有配件。

(1)机箱的分类

①按外形样式分类，可以把机箱分为立式机箱和卧式机箱两种，如图 2-92 和图 2-93 所示。

图 2-92　立式机箱

图 2-93　卧式机箱

②按外观大小分类，可以分为全高机箱、3/4 高机箱、半高机箱和超薄机箱等几种，如图 2-94 所示。

图 2-94 不同外观大小的机箱

③按机箱的结构分类，可以把机箱分为 AT 机箱、ATX 机箱、Micro ATX 机箱和 NLX 机箱等几种类型。

(2)机箱的结构

机箱由外壳、支架、前后面板等组成，如图 2-95 所示。

机箱外壳是用双层冷镀锌钢板制成，钢板的厚度与材质均直接影响到机箱质量的好坏，尤其是影响机箱的抗冲击力和防电磁波辐射的能力。一款品质优良的机箱，它的外壳的钢板厚度应在 1mm 以上，正规厂家生产的机箱，其外壳钢板厚度甚至可以达 1.3mm 以上。外壳钢板的材质要具备韧性好、不变形和高导电性的特点。

机箱的支架主要用于固定主板、电源和各种驱动器。

机箱的前面板上还提供有一些常见的按钮开关、指示灯和设备接口。如电源开关、电源指示灯、复位按钮(Reset)、硬盘工作状态指示灯(HDD)、前置 USB 接口和前置音频接口等，如图 2-96 所示。

机箱的后板上提供有电源槽(用于安装电源)、输入输出孔和扩展槽挡板等几个组成部分。

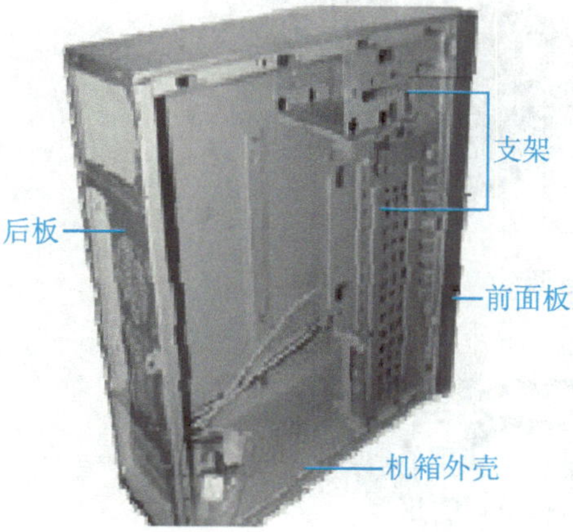

图 2-95 机箱结构

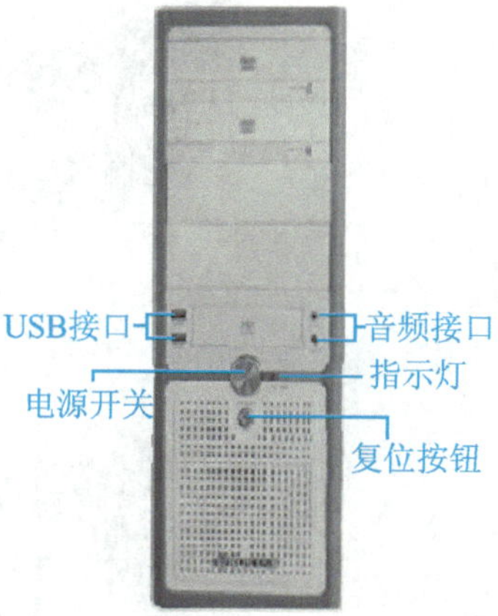

图 2-96 机箱前面板

(3)机箱的选购

选购一款美观、稳固的机箱，应从以下几个方面考虑。

①机箱的外观和用料。机箱用料要坚固，要有良好的防电磁辐射的性能，否则会影响各部件的稳定工作。

②机箱内的布局。机箱内的布局要科学合理，要有很充分的扩充升级空间。

③机箱的防尘性能与散热性能。主要是考察机箱散热孔与扩展插槽挡板的防尘能力和机箱提供的散热风扇或散热孔的多少。

④机箱使用的便利性与安全性。机箱使用的便利性是指在开机箱时拆装都很方便，机箱的安全性是指机箱对电磁辐射的屏蔽效果。

⑤品牌。目前市面上有不少杂牌或假冒伪劣机箱，用户应优先选择市场上口碑较好的品牌，如爱国者、金河田等。

7. 电源

电源是为计算机提供原动力的重要部件，电源质量如何直接影响到系统的稳定性和计算机其他硬件设施的安全。

(1)电源的分类

计算机的电源从规格上来分，主要有 AT 电源、ATX 电源和 BTX 电源。

①AT 电源。这是应用在 286 到早期 Pentium 计算机上的一种电源，现已被淘汰。AT 电源的功率一般在 150～250W，输出线为两个六芯插座和几个四芯插头。

②ATX 电源。ATX 电源在外形尺寸上与 AT 电源一样，但它在 AT 电源的基础上增加了＋3.3V 和＋5V Stand-By 两路输出，给主板供电的输出线也改成了 20 芯的线，并增加了防反插的功能。ATX 电源是目前计算机中使用的主流电源，有两个版本：ATX 1.01 版和 ATX 2.01 版。ATX 电源及其插头如图 2-97、图 2-98 所示。

图 2-97　ATX 电源

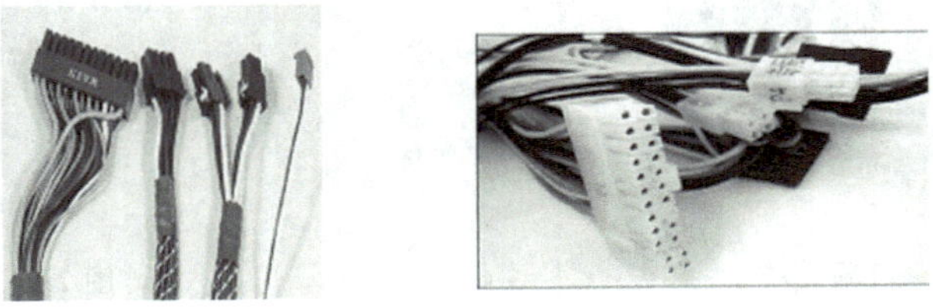

图 2-98　ATX 电源插头

③BTX 电源。BTX 电源就是遵从 BTX 标准设计的 PC 电源，BTX 电源兼容 ATX 电源技术，其工作原理、内部结构与 ATX 电源基本相同，输出标准与目前的 ATX 12V 2.0 规范一样，也是像 ATX 12V 2.0 规范一样采用 24 针插头。

(2)电源的插座与插头

①电源插座：通过电源线将市电与主机相连。

②主板电源插头：用于将电源与主板相连接。ATX 电源的主板电源插头为 20 针，具有防反插的功能。

③其他外设电源插头：主要有三类外设电源插头。一类是 D 形插头，用来连接硬盘、光驱等设备，为它们提供电力支持。此类插头一般有 4～5 个。另一类是专用于连接 3.5in 软驱的电源插头，一般只有 1 个。第三类是部分电源提供的专为 CPU 供电的 4 芯插头。

(3)电源散热风扇

电源散热风扇主要用于散去电源工作时产生的热量。

(4)电源的性能指标

电源的性能指标主要有功率、电源插头种类与数量、可靠性和安全认证等。

①功率。电源功率的大小决定着电源所能负载的设备的多少。普通用户一般选择功率在 250～300W 的电源就足够了。

②电源插头。一般情况下，所选择的电源应具有三种类型的插头(D 形插头、软驱电源插头和专用 CPU 插头)，总数量至少在 6 个或以上。

③可靠性。衡量电源的可靠性与衡量其他设备的可靠性一样，一般采用 MTBF(Mean Time Between Failure，平均无故障时间)作为衡量标准，单位为小时。电源的 MTBF 指标应在 10000h 以上。

④安全认证。为确保电源的可靠性和稳定性，每个国家或地区都根据自己区域的电网状况制定不同的安全标准，目前主要有 CCEE(中国电工产品认证委员会质量认证标志，俗称长城认证)、CE(欧盟国家电气和安全标准认证)、FCC(美国联邦通讯委员会认证)、TUV(德国 TUV 国际质量体系认证)等几种认证标准。电源产品至少应具有这些认证标准中的一种或多种认证。

8. 网卡

网卡(Network Interface Card，NIC)，也叫网络适配器，它是计算机接入网络(局域网、广域网)的接口，也是局域网中最基本的部件之一。网卡的功能有二：一是将计算机的数据封装为帧(数据包)，并通过网线将数据发送到网络上去；二是接收网络上传输过来的帧，并将帧重新组合成数据，送给计算机处理。每块网卡都有一个唯一的网络节点地址，它是生产厂家在生产该网卡时直接烧入网卡 ROM 中的，也称之为 MAC 地址(Media Access Control，物理地址)。网卡的 MAC 地址全球唯一，绝不会重复，一般用于在网络中标识网卡所插入的计算机的身份。

(1)网卡的分类

①按总线类型分类。按总线类型，可以将网卡分为 ISA 网卡、PCI 网卡、PCMCIA

网卡、USB 网卡和无线网卡等几种。ISA 总线的网卡因传输速度缓慢、安装复杂等缺点目前已被市场淘汰。PCI 总线网卡是目前网卡的主流产品。PCMCIA 总线网卡是一种专用于笔记本电脑中的网卡，大小与扑克牌差不多，厚度在 3～4mm。USB 接口的网卡主要是一种外置式网卡，移动方便，支持热插拔。无线网卡使用电磁波进行数据通信。各种类型的网卡如图 2-99 所示。

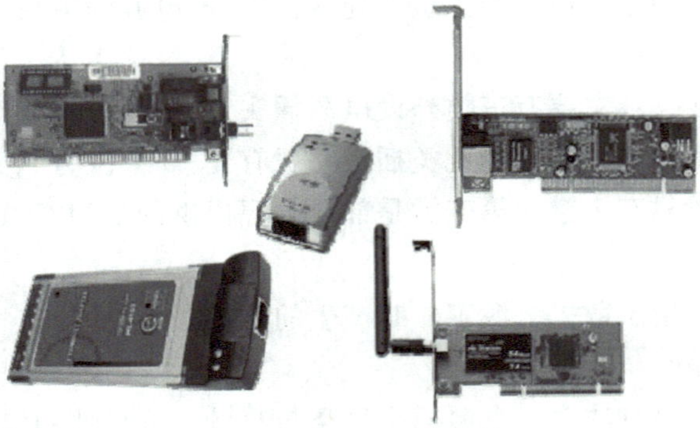

图 **2-99**　各种类型的网卡

②按端口类型分类。按网卡的端口类型，可以将网卡分为 RJ-45 端口网卡(使用双绞线连接)、BNC 端口网卡(使用细同轴电缆连接)、AUI 端口网卡(使用粗同轴电缆连接)和光纤端口网卡。RJ-45 端口网卡是最为常见的一种网卡，它的接口类似于电话接口 RJ-11，只不过使用的是 8 芯线。

其实很多网卡采用的端口数量并不是唯一的一个。随着千兆以太网技术的发展，网卡也出现了采用光纤作端口的产品。

③按带宽分类。按带宽不同，可以把网卡分为 10Mbit/s 网卡、100Mbit/s 网卡、10/100Mbit/s 自适应网卡和 1000Mbit/s 网卡等几种类型。

(2)网卡的选购

网卡质量的好坏会影响到计算机与网络的连接速率、通信质量和网络的稳定性。选购一款性价比高的网卡在当今这个时代显得尤为重要。用户可以从以下几个方面考虑。

①端口类型。不同的传输介质，需要不同类型端口的网卡。

②传输速率。网卡的传输速率直接影响计算机与网络的连接速率，建议选购 10/100Mbit/s 自适应网卡。

③总线接口。建议选购 32 位的 PCI 接口的网卡，它的带宽理论值为 132Mbit/s，可以满足 100Mbit/s 网络的需求。PCI 网卡速度快而且占用 CPU 资源少。

④是否支持全双工。半双工的意思是指网卡在同一时间内只能发送或接收信息，而全双工网卡在同一时间内却可以既发送信息又接收信息。

⑤是否支持远程唤醒。远程唤醒技术(Wake-On-LAN，WOL)是指由网卡配合其他软硬件，可以通过局域网实现远程开机的一种技术。无论被访问的计算机在什么位置，只要处于同一局域网内，就可以实现远程唤醒。

9. 摄像头

随着宽带网的普及，另一种更加方便、直接的交流方式强烈地吸引了广大用户，那就是摄像头为我们带来的网络视频通信。其实摄像头作为一种视频输入、监控设备由来已久，它除了提供网络视频通信功能外，还提供静态照片拍摄和实时监控的功能。

(1)摄像头的分类

按摄像头输出的信号可以把摄像头分为模拟摄像头和数字摄像头两类。

模拟摄像头要配合视频捕捉卡一起使用，它主要使用 CCD 来做感光器件，并要有视频捕捉卡或外置捕捉卡才能与计算机配合工作。模拟摄像头比数字摄像头功能强大，但价格偏高，一般用于大型视频会议和实时监控。

数字摄像头使用简单，安装简单，价格便宜，它使用 CMOS 作感光器件。虽然数字摄像头的分辨率不高，但却非常适合家庭、网吧等场合使用。

摄像头如图 2-100 所示。

图 2-100　摄像头

(2)摄像头的性能指标

①图像传感器。它包括物理镜头和视频捕捉单元两部分，是摄像头最为核心的部件。图像传感器的好坏直接决定了最终拍摄出来的照片或视频的质量。常用于摄像头图像传感器的部件有两种：一是 CCD(电荷耦合)感光器件；一是 CMOS(互补性金属氧化物半导体)感光器件。

②最高分辨率。摄像头的分辨率是指摄像头解析图像的能力，也就是摄像头的传感器的像素数。最高分辨率就是指摄像头能最高分辨图像能力的大小，即摄像头的最高像素数。

③色彩位数。色彩位数又称色深，它反映了摄像头能正确记录的色调有多少。色彩位数的值越高，就越真实地还原图片的真实色彩。

④镜头。摄像头的镜头是将被拍对象在传感器上成像的器件，通常由几片透镜组成。

⑤视场。它代表摄像头所能够观察到的最大范围，通常以角度来表示。视场越大，摄像头所能观测的范围就越大。目前一般摄像头的视场均在 52°左右，有的还可以达到 180°和 360°。

⑥接口方式。现在市场上主流的摄像头都采用 USB 接口。

(3)摄像头的选购

在选购摄像头时，用户应根据实际的用途并结合上面所讲的性能指标，优先选择口碑较好的品牌，如 ANC、蓝色妖姬、罗技等。

技能训练

以实验室现有的计算机为主要对象，两个人一组来进行以下训练。

1. 认识计算机的机箱

本次训练将根据前面的相关知识来认识计算机的机箱，并熟悉计算机的内部结构。

操作步骤如下。

①切断计算机的电源，将机箱侧盖打开。

②找到机箱上固定主板的螺钉的位置，观察共有多少个螺钉。

③查看机箱内部硬盘和光驱的插槽共有几个。

④合上计算机的机箱侧面板。

2. 认识计算机的电源

本次训练将根据前面的相关知识来认识计算机的电源，并熟悉计算机电源的各种插头。

操作步骤如下。

①切断计算机的电源，将机箱侧盖打开。

②查看机箱中电源的位置。

③将电源的各种插头小心拔下。

④将电源插头重新安好，接通电源启动计算机，观察计算机能否正常启动。

任务完成

①使用摄像头视频聊天，并上网查看其性能参数。

②在自己的计算机中，查看机箱中网卡的型号，并上网查看其详细的性能参数。

巩固练习

一、选择题

1. 世界上第一台电子数字计算机是(　　)年出现的。

A. 1958　　B. 1946　　C. 1965　　D. 1947

2. 微型计算机的发展史可以认为是(　　)的发展历史。

A. 微处理器　　B. 主板　　C. 存储器　　D. 电子芯片

3. 对于微型计算机来说，(　　)的工作速度基本上决定了计算机的运算速度。

A. 控制器　　B. 运算器　　C. CPU　　D. 存储器

4. 控制器通过一定的(　　)来使计算机有序地工作和协调，并且以一定的形式和外设进行信息通信。

A. 控制指令　　B. 译码器　　C. 逻辑部件　　D. 寄存器

5. 对一台计算机来说，(　　)的档次就基本上决定了整个计算机的档次。

A. 内存　　B. 主机　　C. 硬盘　　D. CPU

6. 在计算机工作时，(　　)给运算器提供计算机所用的数据。

A. 指令寄存器　　B. 控制器　　C. 存储器　　D. CPU

7. 运算器运算的结果要存储在(　　)中。

A. 指令寄存器　　B. 存储器　　C. 控制器　　D. CPU

8. 计算机的(　　)设备是计算机和外部进行信息交换的设备。

A. 输入输出　　B. 外设　　C. 中央处理器　　D. 存储器

9. 我们常说的CPU为P4 3.0，3.0指的是(　　)。

A. 主频　　B. 外频　　C. FSB　　D. 倍频

10. 下列厂商中，(　　)是Celeron(赛扬)CPU的生产厂商。

A. AMD　　B. Intel　　C. SiS　　D. VIA

11. 下列选项中，(　　)不属于北桥芯片管理的范围之列。

A. 处理器　　B. 内存　　C. IDE接口　　D. AGP接口

12. 目前流行的显卡的接口类型是(　　)

A. PCI　　B. PCI-E×1　　C. ISA　　D. PCI-E×16

13. ROM的意思是(　　)。

A. 只读存储器　　B. 随机存储器　　C. 硬盘驱动器　　D. 软盘驱动器

14. 在计算机系统中，(　　)的存储容量最大。

A. 内存　　B. 硬盘　　C. 软盘　　D. 光盘

15. 下列存储器中，属于高速缓存的是(　　)

A. Cache　　B. EPROM　　C. DRAM　　D. CD-ROM

16. 倍频系数是CPU和(　　)之间的相对比例关系。

A. 时钟频率　　B. 主频　　C. 外频　　D. 以上都不对

二、填空题

1. 某主板说明书上有“Realtek 8201CL 10/100 Mbit/s”一块芯片，它指的是板载________。

2. 主板上的一个IDE接口可以接2个IDE硬盘，一个称为________硬盘，另一个称为________硬盘。

3. 外部存储器包括________、________、U盘等。

4. IDE硬盘接口有________个针脚。

5. 根据机箱的外形，机箱可以分为________和________两类。

6. 主板电源接头一般有________针和________针。

7. CPU的中文名字是__________。

8. 主频＝________×________。

9. 在计算机中，使用__________来存放BOIS程序。

10. 在计算机部件中，________对人体健康影响最大，所以挑选的时候要慎重。

项目 3

计算机硬件组装与设置

在认识了计算机的各种配件以后，我们要做的工作就是组装计算机。在通常情况下，购买的品牌机不用自己组装；但如果是用户自己购买的散件，在家中就要自己动手安装计算机配件，本项目我们就学习如何组装计算机。

学 习 目 标

本项目介绍计算机硬件的组装与设置，包括计算机的组装、BIOS 设置、硬盘的日常管理和维护等内容。通过本项目的学习，应掌握以下知识。

(1)计算机的正确组装方法。

(2)使用 BIOS 的设置程序修改 CMOS 参数。

(3)硬盘的分区和格式化。

任务 1 组装计算机

任务描述

周全帅中职毕业以后到市内的一家电脑公司上班，公司让他从事计算机硬件组装工作，为购买计算机的客户提供装机和售后服务。由于以前在学校的时候练得比较少，所以他决定自己亲自动手组装一台完整的计算机，积累经验，为日后工作打下一个坚实的基础，能够让自己的业务水平发挥得更好。

任务分析

要组装一台计算机，首先要了解装机之前应做的准备工作以及在装机过程中的一些注意事项，然后再按照相应的顺序将计算机的各个部件安装到一起，进行调试就可以了。

1. 装机工具

专业的装机人员在装机前应准备好所有的工具。随着计算机配件模块化、集成化程度的日益提高，计算机的组装与维护通常只在“板卡级”进行，很少涉及集成芯片内部，因此装机所需要的工具较少，下面分别介绍。

(1)螺丝刀

螺丝刀是装机时最重要的工具，因为计算机主机中的各种硬件常常需要使用螺钉来固定。使用顶部带磁性的螺丝刀，可以将装机时不小心掉入机箱内的螺钉吸出来。

(2)钳子

钳子用于取下机箱背部的挡片和安装铜柱的螺钉。如果在装机过程中机箱内有难于安放配件的地方，这时就需要借助钳子。在有些不标准的机箱内，由于做工不是很好，容易出现不平的地方，导致无法正确地安装配件，此时就可用钳子来消除这些不平之处，以减少安装过程中的麻烦。

(3)导热硅胶

在安装 CPU 的时候，导热硅胶是必不可少的，它主要用于填充散热器与 CPU 表面的空隙，以更好地帮助散热。

(4)防静电手套

组装计算机时，最好双手带上防静电手套，以防止静电释放，避免对主板、显卡等硬件上面的电子元件造成损伤。

(5)工作台

装机工作最好在一个宽敞洁净、高度适宜的平台上进行(如写字台)，这样可以让安装者在一个相对舒适的环境内进行装机，且不容易发生零配件丢失的问题。不要把计算机放在阴暗潮湿的地方，不要把茶杯和饮料之类的东西放在计算机旁边。

(6)器皿

准备一个器皿，如盒子之类，来盛放装机时会用到的一些小零件，以免掉落丢失。

(7)电源插座

排型插座用来测试组装完成的计算机是否可以正常运行。如果显示器需要单独供电，插座上必须带有备用的单相三眼插口。

(8)镊子

镊子主要用来夹取狭小空间的物体，多数的时候用于设置硬件上的跳线。

装机常用工具如图 3-1 所示。

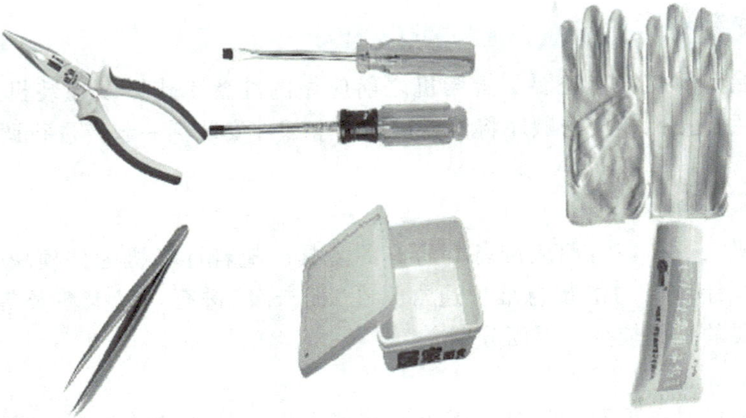

图 3-1　装机常用工具

2. 装机准备工作

①释放身上的静电。可以通过佩戴防静电手套或通过洗手、触摸水管、暖气管等释放掉身上的静电。

②准备一张适合安装配件的工作台。

③准备好各种配件，这些配件主要有 CPU、主板、内存、硬盘、显卡、光驱、机箱、电源、键盘、鼠标、显示器、各种数据线和电源线等，如图 3-2 所示。

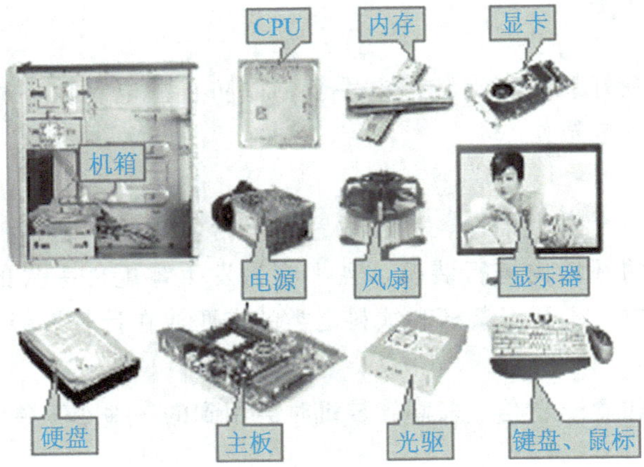

图 3-2　装机配件

3. 组装计算机的注意事项

①不能带电操作，在未组装完毕前，不要连接电源。

②防止液体进入计算机内部。

③避免粗暴安装。在安装的过程中一定要注意正确的安装方法，不要强行安装，稍微用力不当就可能使引脚折断或变形。对于安装后位置不正的设备不要强行使用螺钉固

定，因为这样容易使板卡变形。

④把所有零件从盒子里拿出来(不过还不要从防静电袋子中拿出来)，按照安装顺序排好，看看说明书有没有特殊的安装需求。

任务实施

组装计算机的流程如下。

①机箱的安装，主要是对机箱进行拆封。

②将电源安装在机箱里。

③驱动器的安装，主要针对硬盘、光驱进行安装。

④CPU 的安装，在主板处理器插座上安装 CPU，并且安装上散热风扇。

⑤内存条的安装，将内存条插入主板内存插槽中。

⑥主板的安装，将主板安装在机箱上。

⑦显卡的安装，根据显卡总线选择合适的插槽。

⑧机箱与主板间的连线，即各种指示灯、电源开关线、PC 喇叭的连接，以及硬盘、光驱和软驱电源线和数据线的连接。

⑨整理内部连线和合上机箱盖(理论上在安装完主机后，是可以盖上机箱盖了，但为了此后出问题的检查，最好先不加盖，而等系统安装完毕后再盖)。

⑩连接输入输出设备，连接键盘、鼠标、显示器等。

⑪检测主机是否正常工作，给机器加电，若显示器能够正常显示，表明初装已经正确，此时进入 BIOS 进行系统初始设置。若开机不显示，再重新检查各个接线。

相关知识

1. 安装 CPU

安装 CPU 首先要确认 CPU 的插座标准。某一主板只能安装特定型号的 CPU，并且 CPU 的芯片要与 CPU 插座相互匹配。下面说明在 Socket 775 插座上安装 Intel CPU 的方法。

Socket 775 又称为 Socket T，是目前应用于 Intel LGA 775 封装的 CPU 所对应的处理器插槽，能支持 LGA 775 封装的 Pentium 4、Celeron D 等 CPU。图 3-3 所示为 CPU 的正面与反面，插入时应注意 CPU 与插座的防插反缺口相对应，图 3-4 所示为主板上的 CPU 插座。

图 3-3 CPU 的正反面

图 3-4 CPU 插座

安装 CPU 的具体操作步骤如下。

①把 CPU 插座旁的小拉杆向外侧稍稍拉动，然后将其抬起来，向上扳到垂直的位置，如图 3-5 所示；将插座上的金属保护盖也向上拉起，如图 3-6 所示。

图 **3-5**　拉起拉杆

图 **3-6**　打开保护盖

②仔细观察 CPU 正面，会发现 CPU 正面某个角有一个小金属三角形，在主板插座上有个角也是三角形状(该角处还少了一个针脚)，将 CPU 有金色三脚形的那个角对准主板插座上呈三角形的那个角，确定 CPU 的安装方向，如图 3-7 所示；确定 CPU 的安装方向后，将 CPU 轻轻放入插座，如图 3-8 所示。

图 **3-7**　防插反缺口

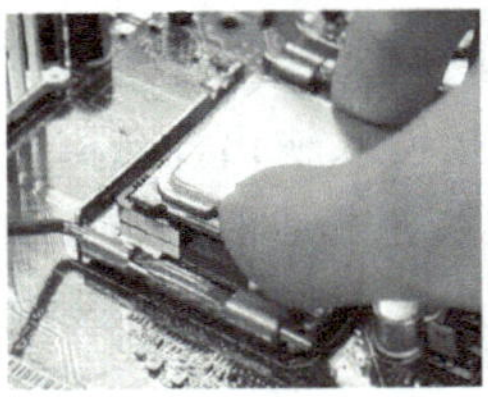

图 **3-8**　放入 **CPU**

③确定 CPU 已经放好以后，先后将金属保护盖和拉杆压回原处并扣上，使 CPU 牢牢地固定在 CPU 插座上，如图 3-9 所示；接着在 CPU 上均匀地涂上导热硅胶，如图 3-10 和图 3-11 所示，这有助于将热量由处理器快速传导至下面将要安装的散热器上。

图 **3-9**　压下拉杆

图 **3-10**　涂抹导热硅胶

图 **3-11**　涂抹均匀

④LGA 775 构架的散热器是通过 4 个膨胀扣将散热器固定在主板上；安装时，将散热器平稳地摆正在 CPU 上面，确保散热器 4 个膨胀扣对准 CPU 插座旁边的 4 个孔位(图 3-12)，然后用手指用力按下 4 个膨胀扣(图 3-13)；最后用螺丝刀对准膨胀扣上的一字空位向右旋转大约 45°(图 3-14)，这时散热器便被固定在主板上了。

图 3-12 膨胀扣对准插槽空位

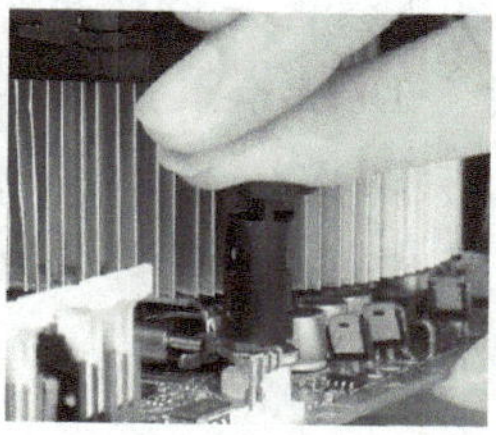

图 3-13 压下膨胀扣

图 3-14 旋转扣具

⑤将散热器固定好后，还应将其电源线连接到主板上(图 3-15)。CPU 散热器电源的接口通常就在 CPU 插座附近，并标有 CPU fan 字样。散热器电源线连接完成后如图 3-16 所示。

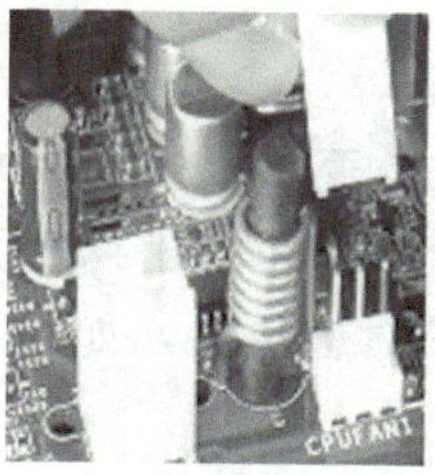

图 3-15 连接散热器电源线

图 3-16 散热器电源线连接完毕

2. 安装内存条

内存的安装比较简单。目前市面上使用最多的是 DDR2 及 DDR3 内存，使用哪一种内存根据具体的主板芯片组来确定。

无论是哪种内存，在内存的金手指上都有防呆设计，用户仔细对比内存金手指部分和插槽就可以找到正确的安装方法。

安装 DDR2 内存的具体步骤如下。

①扳开内存插槽两侧的卡具。

②将内存条的豁口对准内存插槽的凸起，对齐内存插槽，如图 3-17 所示。

③使用双手的拇指按压内存条的两侧，如图 3-18 所示，当听到清脆的“咔”的一声时，表示内存条已安装好，此时内存插槽的卡具会自动扣住内存条两侧的豁口。

图 3-17 防呆设计

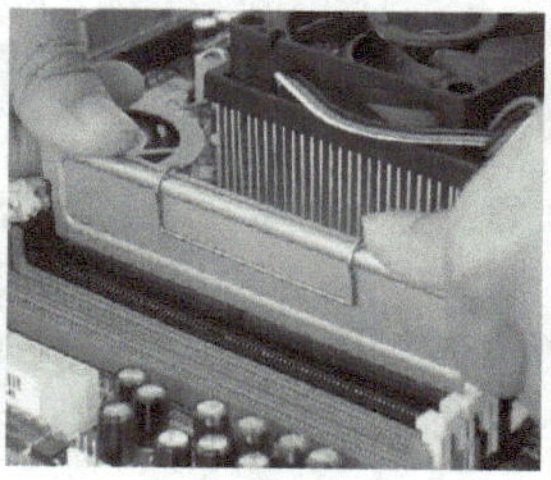

图 3-18 内存条压入插槽

提示： 把内存条卡好后用力往下按，一定要看到两边的夹子都合起来才算装好，如图 3-19 所示。最后再用手试一下稳不稳。其他内存的安装与 DDR2 内存是一样的，也需要注意它们的方向性。在安装时要插到底，并使内存插槽两端的卡子卡住内存两端的卡口。

图 3-19　装好的内存条

3. 安装主板

在将 CPU、内存固定在主板上后，即开始在机箱中安装主板，在正式安装之前，要准备好安装零件。购买机箱时附带的零件袋中有十字螺钉、主板固定铜柱螺钉、绝缘垫片等用于固定主板的零部件，还有机箱背部的防尘挡板等。

安装主板的步骤如下。

①仔细观察机箱背部的主板挡板，看其提供的孔位是否与主板提供的外部接口对应。如果不对应，需要向里将其推出，然后放上主板提供的挡板，如图 3-20 所示。

②将机箱提供的主板垫脚螺柱拧入机箱主板托架的对应位置，如图 3-21 所示。注意安放前先观察一下主板上的对应孔。

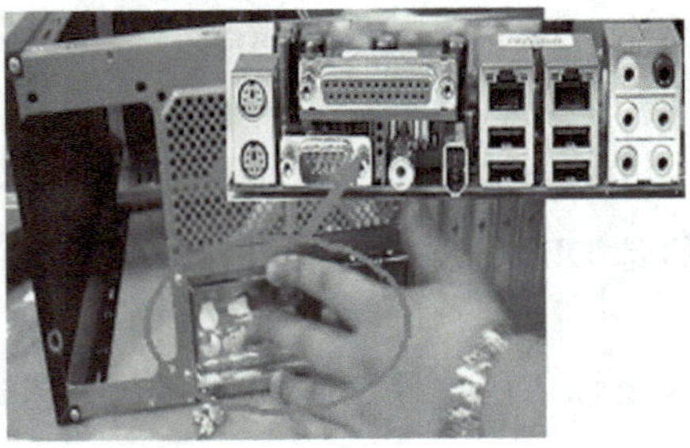

图 3-20　对应挡板

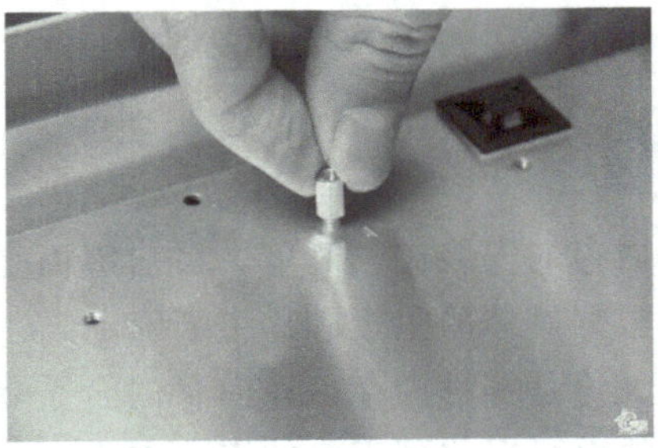

图 3-21　拧上螺柱

③双手平行托住主板，将主板放入机箱中。放入时应先将主板的各种外部接口对准机箱背后的挡板孔位，再对准到机箱主板托架上的垫脚螺柱，慢慢放入，如图 3-22 所示。

放好的主板，可以看到各外部接口正好放入机箱上的主板挡板孔位中，如图 3-23 所示。

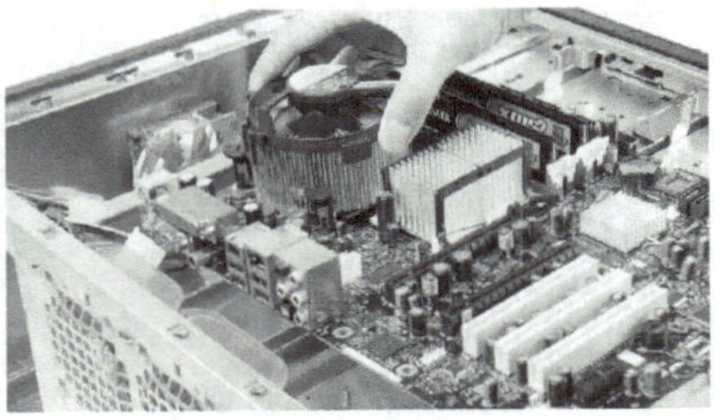

图 3-22　把主板放进机箱中

图 3-23　接口与挡板对齐

④用螺丝刀拧入螺钉，固定好主板，如图 3-24 所示。

主板安装完成的效果如图 3-25 所示。

图 3-24　固定螺钉

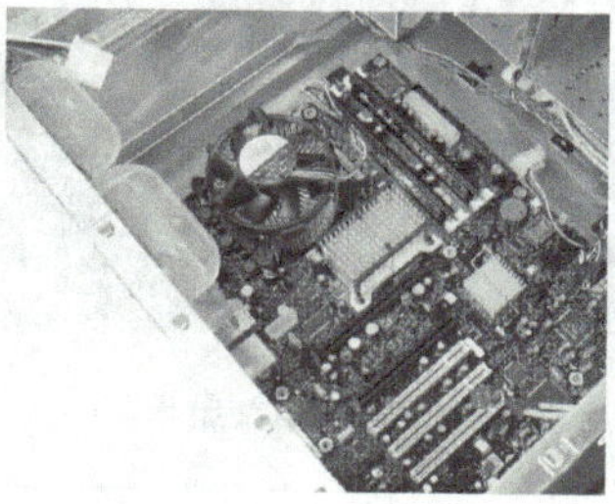

图 3-25　主板安装完成

提示：主机机箱是金属材质的，而主板背面又有许多电子零件的金属接触点，所以，在安装主板时，要特别注意主板不要和机箱的底部接触，以免造成短路。

4. 安装显卡

现在的显卡一般都是 PCI-E 显卡，如图 3-26 所示，该显卡应装在主板的 PCI-E 插槽中。主板的 PCI-E 插槽如图 3-27 所示。

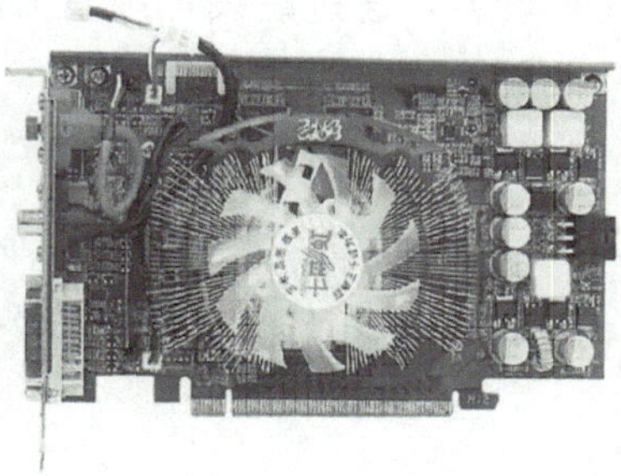

图 3-26　PCI-E 显卡

图 3-27　PCI-E 插槽

安装显卡的步骤如下。

①仔细观察主板背部接口和需要安装的显卡位置，然后将机箱后面挡板上相应位置的挡片卸掉或用螺丝刀撬掉，如图 3-28 所示。

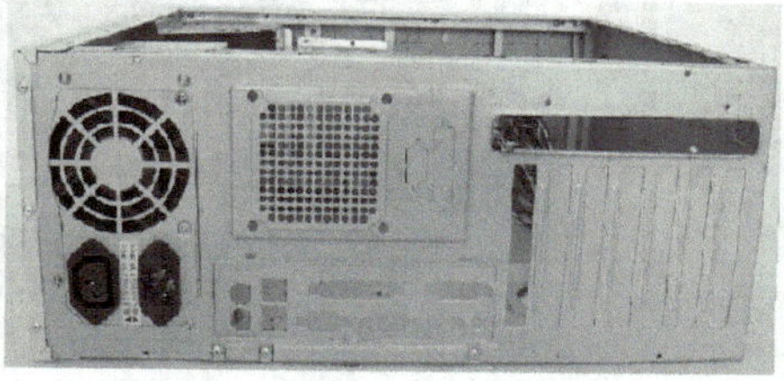

图 3-28　机箱后部挡板

②安装显卡时，先将显卡金手指缺口和显卡插槽的突起位置相对应，确定好显卡安装方向，将显卡垂直插入，如图 3-29 所示。

③显卡插入插槽中后，用螺钉固定显卡，如图 3-30所示。固定显卡时，要注意显卡下端不要顶到主板上，否则无法插到位。插好显卡，固定挡板螺钉时要松紧适度，注意不要影响显卡与 PCI-E 插槽的接触，要避免引起变形。

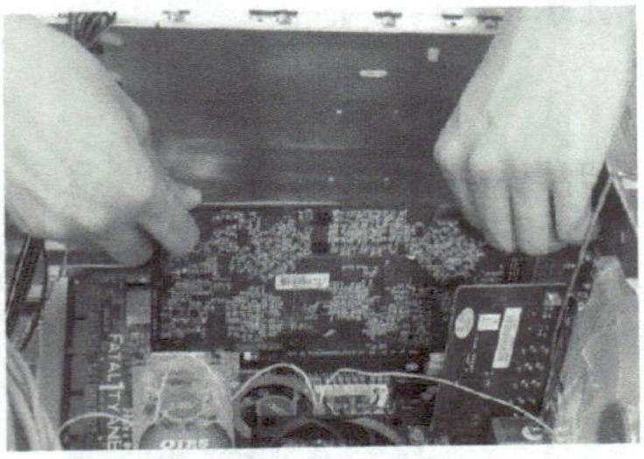

图 3-29 插入显卡

图 3-30 固定显卡

5. 安装硬盘和光驱

目前常见的外存储器是光驱和硬盘，下面分别介绍 PATA 硬盘和光驱以及 SATA 硬盘的安装方法。

(1)安装 PATA 硬盘和光驱

安装传统的 PATA 硬盘和光驱包括 3 个方面的任务，一是设置跳线；二是固定硬盘和光驱；三是连接硬盘或光驱的数据线和电源线。

①跳线说明。为避免连接在同一个 IDE 接口上的设备产生冲突，需要为它们设置一个主从，也就是设置跳线。主板上可以连接的 4 个 IDE 设备，通过跳线可调整为如下所列的关系。

Primary Master：第一(IDE1)主设备。

Primary Slave：第一(IDE1)从设备。

Secondary Master：第二(IDE2)主设备。

Secondary Slave：第二(IDE2)从设备。

图 3-31 所示为主板的两个 IDE 接口。

不同品牌的硬盘设置主从盘的跳线是不同的，但都会在硬盘背面的标签上注明，图 3-32所示为一款希捷酷鱼Ⅳ硬盘的跳线说明。

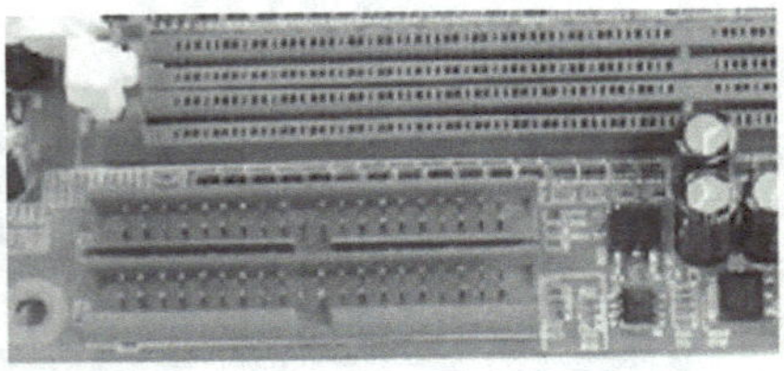

图 3-31 IDE 接口

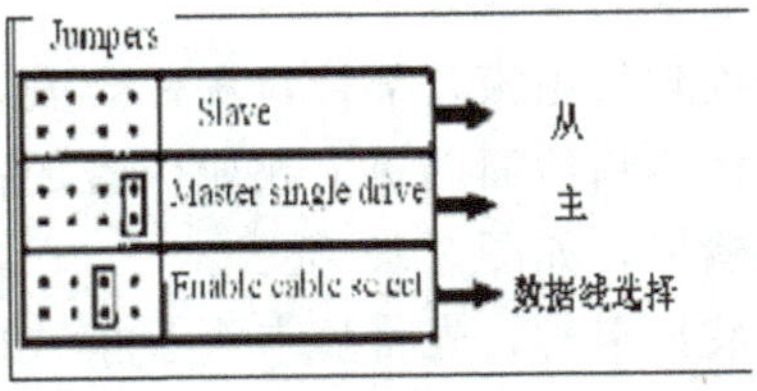

图 3-32 跳线说明

设置跳线时，只需用镊子或尖嘴钳将跳线帽取出，然后插在代表主从盘的针脚上便可以了，图 3-33 所示为根据标签说明将这款希捷酷鱼Ⅳ硬盘设置为了主盘。

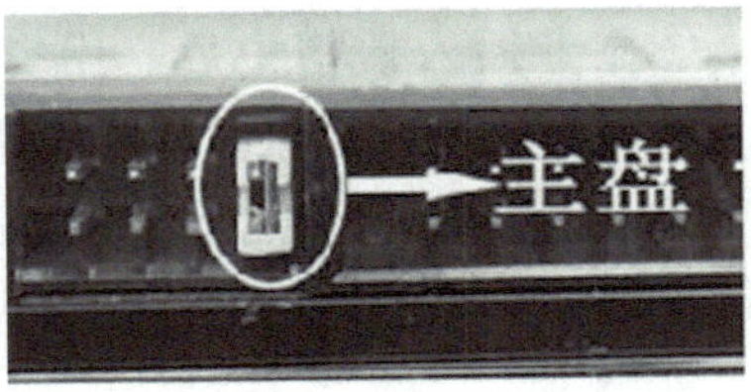

图 3-33 跳线帽在主盘位置

②设置好跳线后，便可将硬盘或光驱固定在机箱上。对于硬盘来说，需要将硬盘有保护盖的一侧向上，

有接口的一侧向外，插入机箱内的 3.5in 硬盘托架上，如图 3-34 所示。

对于光驱来说，需要拆下机箱前面板上的一个 5.25in 挡板，把光驱从前面板推入，并使其前面板与机箱的前面板对齐，如图 3-35 所示。

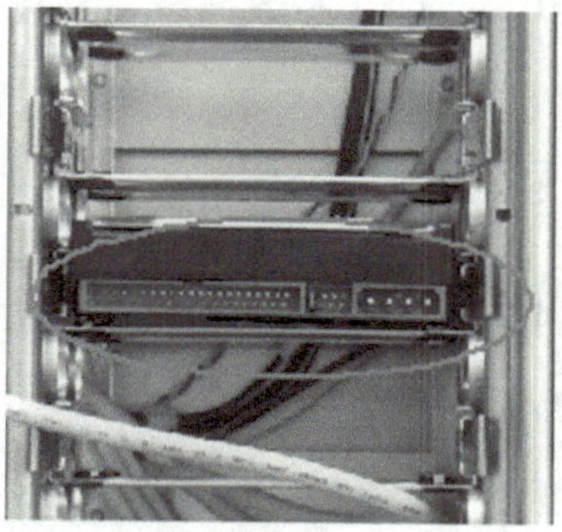

图 3-34 硬盘插入托架内

图 3-35 光驱安装

③用螺钉从机箱两侧分别固定好硬盘和光驱，如图 3-36 和图 3-37 所示。

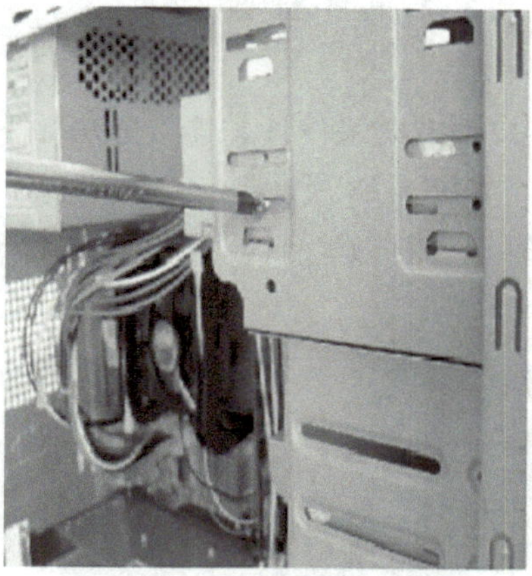

图 3-36 固定硬盘

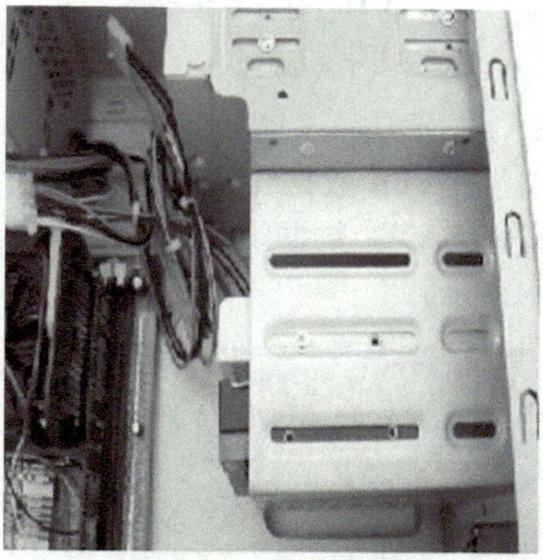

图 3-37 固定光驱

④连接电源线。光驱和硬盘电源线的安装是一样的，其电源插头形状为 D 形(图 3-38)，硬盘和光驱后面也是 D 形接口(图 3-39)，方向确定以后，把白色 D 形插头插到硬盘或光驱后面的电源插槽上，如图 3-40 所示。

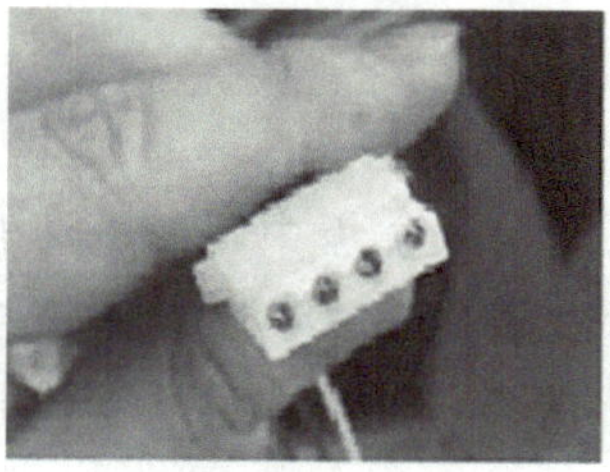

图 3-38 D 形插头

图 3-39 D 形接口

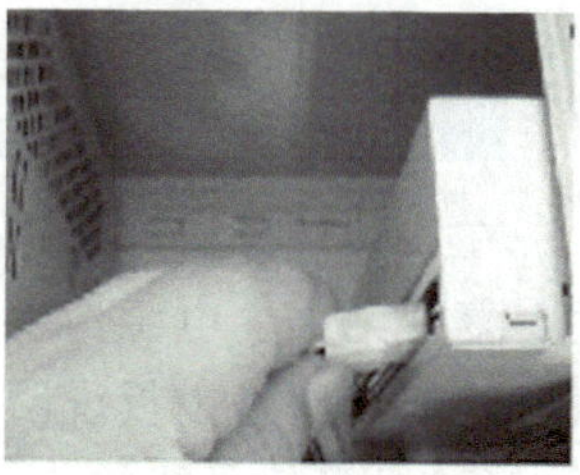

图 3-40 连接电源线

⑤连接数据线。将 80 芯数据线蓝色的一端插入主板 IDE0 接口，如图 3-41 所示。主

板上的 IDE 接口有一个防呆设计，插入时，需要将数据线接头有凸起的一侧对准 IDE 接口上有凹口的一侧，垂直插入。如果插不进不要用蛮力，对准好方向再插。

将数据线另一端插入硬盘的数据接口，如图 3-42 所示。连接光驱的方法与硬盘相同，不过通常是将光驱连接在主板的 IDE1 接口上，使用 40 芯或 80 芯数据线，而硬盘必须使用 80 芯数据线。

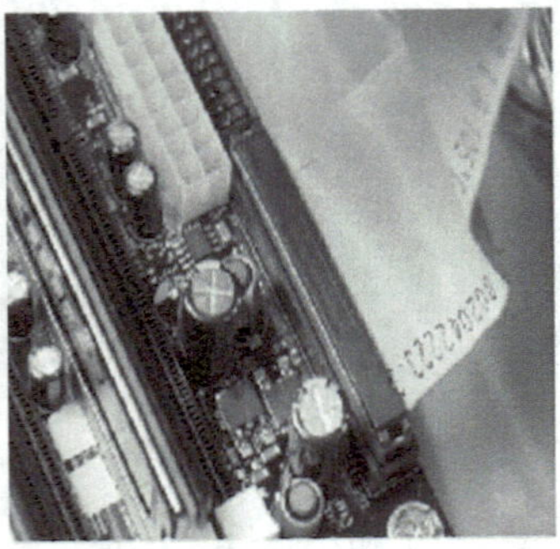

图 3-41 连接主板数据接口

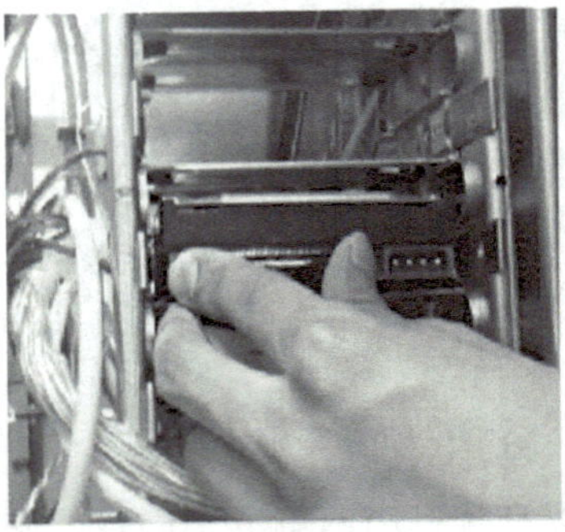

图 3-42 连接硬盘数据接口

(2)安装 SATA 硬盘

SATA 硬盘的连接更简单，不需要设置跳线，接口都有防呆设计，连接方法如下。

①将 SATA 数据线一端插入主板的 SATA 接口，如图 3-43 所示。

②将 SATA 数据线另一端插入硬盘的数据线接口，然后插入 SATA 电源插头，如图 3-44所示。

图 3-43 连接主板 SATA 接口

图 3-44 连接硬盘 SATA 接口

6. 机箱内部连线

在安装计算机内部连线时，需要将机箱面板上的许多信号线接入主板中，如电源开关、复位开关、电源指示灯、硬盘指示灯、扬声器以及前置 USB 接口等。在安装这类连线时，应该参考主板说明书或主板上的英文说明来进行操作。

(1)机箱信号线的连接

最基本的机箱信号线包括机箱电源按钮线(POWER SW)、复位线(RESET SW)、电源指示灯线(POWER LED)、硬盘指示灯线(HDD LED)、机箱喇叭线(SPEAKER)，英文标志如图 3-45 所示。

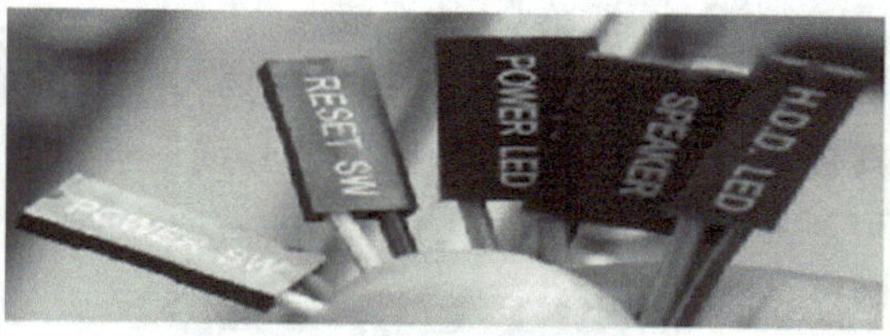

图 3-45　机箱信号线接头标志

图 3-46 所示是某款主板插接信号线的针脚。插接时，需要参考主板使用手册，例如，图 3-47 便是该款主板使用手册中关于信号线插接的说明。参考两图可以看出，主板左下 1、2 两个针脚用来插硬盘指示灯线，左上 1、3 针脚用来插电源指示灯线，左下 6、7 针脚用来插电源按钮线，左下 9、10 针脚用来插复位线。左上 7、8、9、10 针脚用来插机箱喇叭线。

图 3-46　主板上的面板针脚

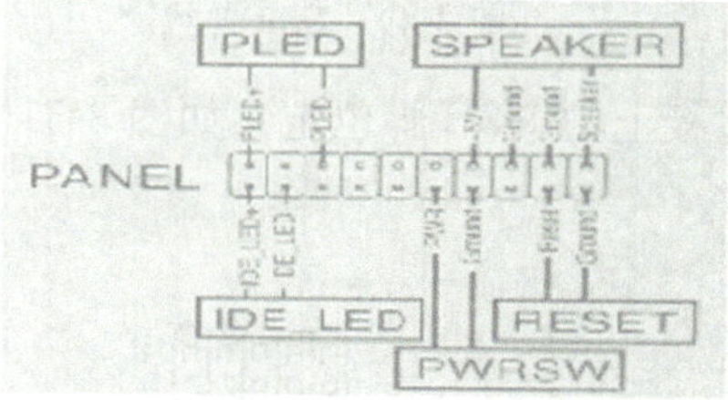

图 3-47　信号线连接说明

插入时，对准针脚，垂直插入便可以了，完成后如图 3-48 所示。

机箱面板上的电源开关、复位开关、电源指示灯、硬盘指示灯等都连接到主板上的面板针脚组上，针脚组的用途见表 3-1。

图 3-48　连接好的面板线

表 3-1　面板线安装说明

主板标注	用　途	针数	插针顺序及机箱接线常用颜色
PWR SW	ATX 电源开关	2	1. 黄(＋)　2. 黑(－)
RESET SW	复位接头，用硬件方式重新启动计算机	2	无方向性接头。1. 红　2. 黑
POWER LED	电源指示灯接头。电源指示灯为绿色，灯亮表示电源接通	2	1. 绿(＋)　2. 白(－)
SPEAKER	扬声器接头，使计算机发声	4	无方向性接头。1. 红(＋5V)　4. 黑　2、3. 短接　启动板上扬声器，开路关闭板上扬声器
HDD LED	硬盘读写指示灯接头，LED 为红色，灯亮表示正在进行硬盘操作	2	1. 红(＋)　2. 白(－)

(2)安装前置 USB 连线

机箱上的前置 USB 接口也要与主板的前置 USB 插针相连，USB 连线如图 3-49 所示。其插入方法与安装机箱上的信号线一样，将 USB 前置接口连线插入主板上的 USB 插孔即可，如图 3-50 所示。

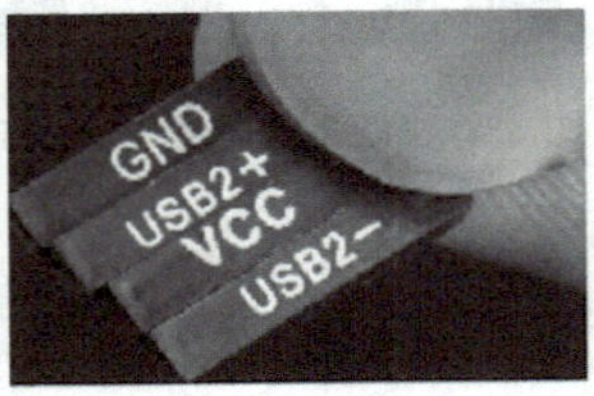

图 3-49　USB 连线

图 3-50　USB 连线示意图

主板上的 USB 脚位定义如图 3-51 所示。

JUSB1/JUSB2

(USB2.0标准规格)

脚位	信号	脚位	信号
1	VCC	2	VCC
3	U880-	4	UBB1-
5	USB0+	6	USB1+
7	GND	8	GND
9	Key	10	USBOC

图 3-51　主板上 USB 脚位定义

注意：USB 连线不要插反，否则会导致主板或其他设备烧毁。

(3)连接音频接口线

根据主板说明书提示(图 3-52)，将音频线插入主板上的音频前置接口(图 3-53)即可。

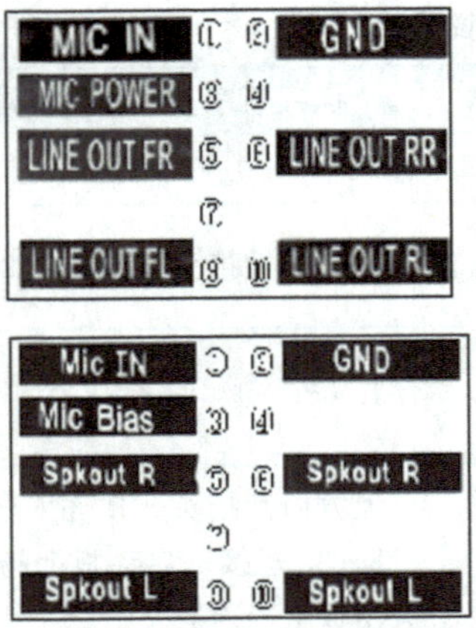

图 3-52　主板音频针脚说明

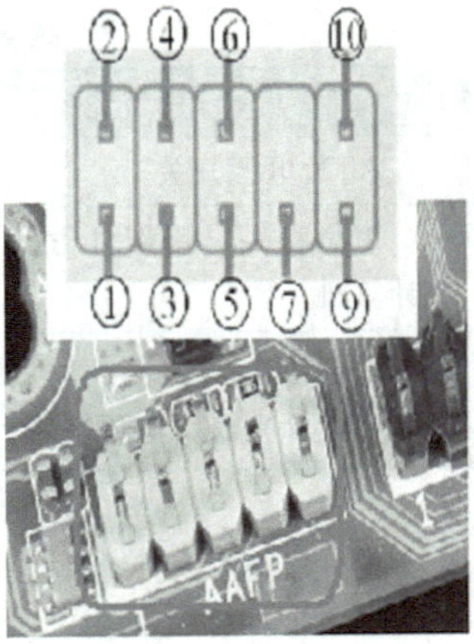

图 3-53　主板音频针脚

7. 整理内部连线

当机箱内部的设备安装好之后，各种线一般都比较凌乱地排列在机箱内，这样使机箱内空间狭小，影响空气的流动和散热，也容易将灰尘积聚在机箱内，同时容易发生连线松脱、接触不良的现象，因此需要整理内部连线，具体操作如下。

①面板线比较细，而且数量多，理顺好，捆绑在一起。

②将多余的电源线绑在一起。

③将机箱中的各种信号线理顺后捆绑起来，如图 3-54 所示。

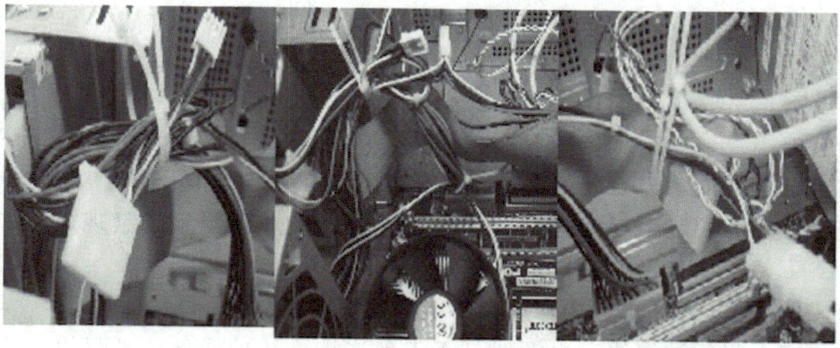

图 **3-54**　整理好机箱内的连线

8. 连接外部设备

主机安装完以后，还要把键盘、鼠标、显示器及音箱等外部设备同主机连接起来，具体操作如下。

①将电源线的一端连接到机箱上的电源插座中，如图 3-55 所示。

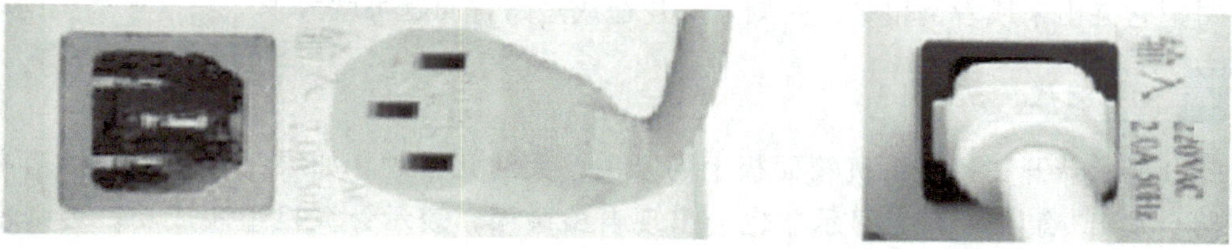

图 **3-55**　连接电源线

②将键盘、鼠标连接到机箱上的对应插孔中，如图 3-56 所示。

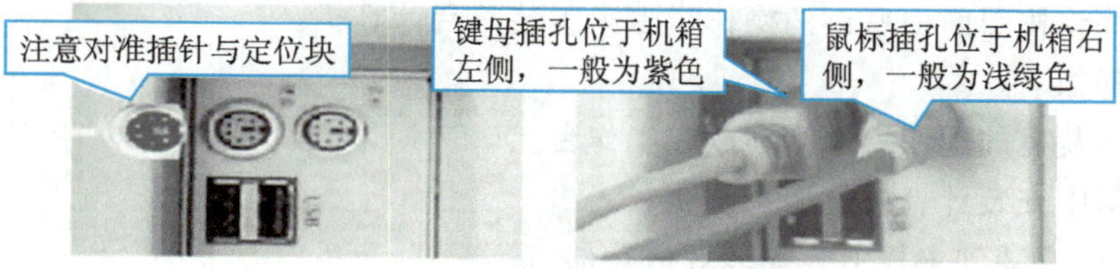

图 **3-56**　连接键盘、鼠标

③将显示器的信号线连接到显卡插座上，然后将螺钉拧紧，如图 3-57 所示。最后将主机、显示器的电源线连接到电源插座中。

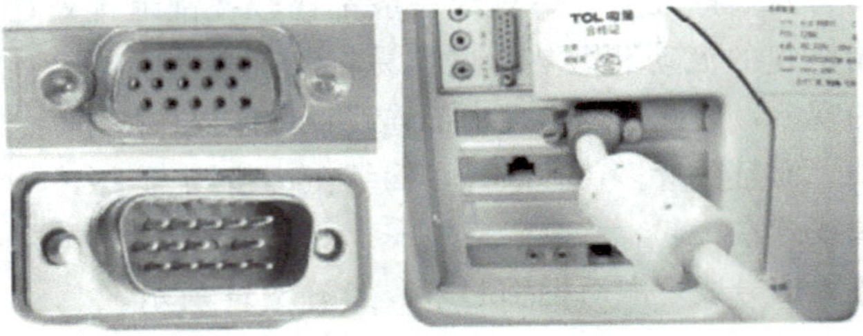

图 3-57　连接显示器信号线

9. 检查安装的项目

机箱内部的硬件安装完成后，为了确保安装无误，应检查如下项目。

①检查主板和各驱动器是否固定到位，有没有松动或者固定过紧现象。如果有，应及时调整。

②检查 CPU、CPU 风扇、内存条和显卡是否正确安装。

③检查硬盘、光驱数据线和电源线是否正确连接，并且硬盘和光驱的主从跳线是否正确设置。

④检查主板电源线和机箱前面板各种线缆是否都连接上了，连接是否正确和牢固。

⑤把机箱内部这些连线整理一下，绑束在一起，以便于机箱内散热，并且确保数据线和其他零件不会卡到 CPU 或显卡风扇。

⑥将剩余的槽口用挡片封好。

⑦拿起机箱晃一晃，检查机箱内有没有丢下螺钉或其他金属物体。如果有，可以用尖嘴钳把它夹出来或者倒出来。否则，一旦造成短路，问题可就大了。

10. 开机测试

打开显示器开关，按下机箱面板上的开关，大约几秒钟，如果一切正常，机箱内的扬声器会发出“嘀”的一声，显示器也会出现自检画面，表示计算机组装成功。否则表示未成功，需要重新检查计算机的配件组装是否正确。

技能训练

本次训练将按照前面所讲的操作步骤来组装一台计算机。

操作步骤如下。

①准备好装机的配件，规则地放在工作台上。

②在机箱中安装计算机电源。

③将 CPU 安装到主板上，安装好散热器。

④将内存安装到主板上。

⑤将主板安装到机箱中，连接好电源线和数据线。

⑥将硬盘和光驱安装到机箱中。

⑦安装显卡、网卡等功能卡。

⑧将连接好的电源线和数据线整理好。

⑨连接计算机的外部设备，并开机测试。

任务完成

①将计算机中的硬盘和光驱拆卸下来，观察两者的形状和接口的特点以及有哪些区别，然后再装回计算机中。

②观察主板插针上的面板线的安装排列顺序，将连线全部拔掉后再重新安上，反复练习几次。

任务2 BIOS设置

任务描述

张老师放到办公室的计算机经常有学生去用，她想一开机能有一个简单的密码设定就好了，这样可以防止其他同学使用自己的计算机，因此她想了解一下是否有解决方法。

任务分析

我们所使用的计算机都是由一些硬件设备组成的，而这些硬件设备会由于使用者的不同需要而在品牌、类型、性能上有很大的差异。例如，CPU就有可能由于厂家的不同，而产生接口不同、主频不同等方面的差异，不同的硬件所对应的具体参数也存在着差异。因此在使用计算机前，一定要确定硬件配置和参数，以便于计算机启动时能够读取这些设置，保证系统正常运行。

BIOS(Basic Input Output System)，中文名称为“基本输入输出系统”。其主要功能是为计算机提供最底层的、最直接的硬件设置和控制。我们对其进行的操作就可以称为BIOS设置。

任务实施

对于张老师提出的计算机设置开机密码问题，只需要修改一下BIOS参数中的系统启动选项即可。操作步骤如下。

①在计算机启动过程中，按Del键进入BIOS设置界面。

②选定Set Password菜单项。

③两次输入要设定的密码回车确定即可。

④在高级BIOS功能设定中修改“Security option”的参数为“System”。

⑤按F10键保存退出并重新启动就要求输入密码了。

相关知识

1. BIOS 与 CMOS 简介

BIOS 是集成在主板上的一块 ROM 芯片，在这个芯片中保存有计算机最重要的基本输入/输出程序、系统信息设置、自检程序和启动自举程序，许多主板具有的新功能有时候也通过 BIOS 体现出来。可以说，一块主板性能的好坏，很大程度上取决于主板 BIOS 管理功能是否先进完善。

CMOS(Complementary Metal Oxide Semiconductor)，互补金属氧化物半导体是主板上的一块可读写的 RAM 芯片，用来保存当前系统的硬件配置和用户对参数的设定，其内容可通过设置程序进行读写。CMOS 芯片由主板上的纽扣电池供电，即使系统断电，参数也不会丢失。

BIOS 与 CMOS 既相关又不同：BIOS 中的系统设置程序是完成 CMOS 参数设置的手段；CMOS RAM 既是 BIOS 设定系统参数的存放场所，又是 BIOS 设定系统参数的结果。因此，完整的说法应该是“通过 BIOS 设置程序对 CMOS 参数进行设置”。由于 BIOS 和 CMOS 都跟系统设置密切相关，所以在实际使用过程中造成了 BIOS 设置和 CMOS 设置的说法，其实指的都是同一回事，但 BIOS 与 CMOS 却是两个完全不同的概念，切勿混淆。

2. BIOS 的种类

常见的用于设置 CMOS 的 BIOS 芯片有 AMI、Award 和 Phoenix 等厂商的产品。在 BIOS 芯片上能看见厂商的标记，AMI BIOS 主要用于国外品牌的计算机中，如图 3-58 所示。而 Phoenix BIOS 一般用于笔记本电脑，如图 3-59 所示。通常使用的台式电脑的主板 BIOS 主要是 Award BIOS，如图 3-60 所示。需要注意的是，不同的 BIOS 之间虽然界面形式上有所不同，但其功能与设置基本上都是大同小异的，所需的设置项目也差不多，不同的是项目的一些增减或名称的改变。

图 3-58　AMI BIOS

图 3-59　Phoenix BIOS

图 3-60　Award BIOS

说明：以前有 Phoenix BIOS、Award BIOS 和 AMI BIOS，现在 Phoenix 公司和 Award公司合并，推出了目前在台式计算机上广泛使用的 Phoenix-Award BIOS。

3. BIOS 设置程序的基本功能

BIOS 设置程序目前有许多的版本，其 BIOS 的设置选项和功能也不一样，但是对于最基本和最主要的设置选项来说，还是有很多设置和功能是一样的，一般来说，主要包括下列内容。

①基本的参数设置：主要包括系统时钟、显示器类型、启动时对自检错误的处理方式。

②硬盘检测和键盘设置：主要检测硬盘、键盘类型、键盘参数。

③存储器设置：主要包括存储器的容量、读写时序、奇偶校验等设置信息。

④磁盘驱动器的设置：主要包括自动检测 IDE 接口、启动顺序、软驱、光驱和硬盘的型号参数。

⑤Cache 设置：主要包括内/外 Cache、Cache 地址/尺寸、BIOS 显示日期设置等。

⑥安全设置：主要包括硬盘分区保护、开机口令、超级口令设置等。

4. BIOS 设置方法

掌握 BIOS 设置方法可以使用户更好地管理计算机中的硬件。不同的机器进入 BIOS 的按键不同，一般都会在屏幕上给出提示，通常可按 Del 键进入 BIOS；有些是按 F2 或 F10 键进入，本书以 Award BIOS 为例进行讲解，主界面如图 3-61 所示。

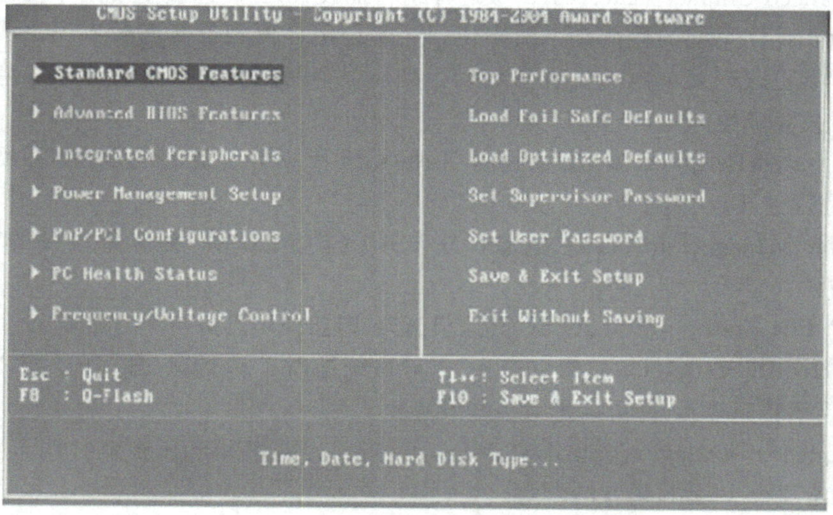

图 3-61　**Award BIOS** 程序设置主界面

(1)按键操作说明

进入主界面后按键操作见表 3-2。

表 3-2　按键操作说明

控制键	功能	控制键	功能
↑(向上键)	移到上一个选项	Page Down 键	改变设定状态，或减少栏目中的数值内容
↓(向下键)	移到下一个选项	F1 功能键	显示目前设定项目的相关说明
←(向左键)	移到左边的选项	F5 功能键	装载上一次设定的值
→(向右键)	移到右边的选项	F6 功能键	装载最安全的值
Esc 键	回到主界面，或从主界面中结束设置程序	F7 功能键	装载最优化的值
Page Up 键	改变设定状态，或增加栏目中的数值内容	F10 功能键	储存设定值并离开 CMOS 设置程序

(2)各选项说明

①Standard CMOS Features(标准 CMOS 设置)：用来设定日期、时间、软硬盘规格等内容。

②Advanced BIOS Features (高级 BIOS 设置)：设定 BIOS 提供的高级功能，例如设置开机引导磁盘的优先顺序，密码检查等。

③Advanced Chipset Features(高级芯片组特征设置)：该选项主要用于修改芯片组寄存器的数值，优化系统的性能。一般来说，除非是用户发现设置参数有误，或者有特殊目的，不建议更改该菜单内的设置参数，否则，很容易因为更改设置有误，将导致系统无法开机或发生其他问题。

④Integrated Peripherals (集成设备管理)：所有外围设备的设定，如 AC'97 声卡、USB 接口是否打开。

⑤Power Management Setup(电源管理设置)：设定 CPU、硬盘等设备的节电方式，以及开机方法。

⑥PnP/PCI Configurations(PnP/PCI 设置)：即插即用设备与 PCI 配置。

⑦PC Health Status(PC 健康状态)：查看系统即时工作状况(如 CPU 核心电压、温度，CPU 风扇转速等)，并可以进行一些设置。

⑧Frequency/Voltage Control(频率/电压控制)：频率和电压控制。调节 CPU 的电压、外频和倍频等，是超频者的天堂。

⑨Load Fail-Safe Defaults(加载安全默认设置)：载入安全设置。

⑩Load Optimized Defaults(加载优化设置)：载入优化设置。

⑪Set Password(设置密码)：该选项主要用来设置系统开机密码和进入 BIOS 设置的密码。由于厂商的不同，有的厂商的 BIOS 该选项是“Set Supervisor/User Password”(超级/用户密码设置)，前者是设置管理者密码，进入系统修改 BIOS 参数需要输入该密码，后者是设定开机密码，虽然也可以进入 BIOS，但只能看见画面，而不能进入 BIOS 设置程序进行参数的修改。

⑫Save & Exit Setup(保存后退出)：该选项的作用是在完成所有 BIOS 设置之后，覆盖原有的 BIOS 设置。当完成 BIOS 设置操作之后，通过这个选项使得新的 BIOS 参数设置生效并退出 BIOS 设置程序。

⑬Exit Without Saving(退出不保存)：该选项的作用是在完成所有 BIOS 设置之后，不覆盖原有的 BIOS 设置。即不修改系统原有的 BIOS 设置并退出 BIOS 设置程序。

大部分 BIOS 设置项目在主板出厂前已经设置好，而且很多选项对计算机运行影响不大，只要掌握几个关键的设置即可基本掌握 BIOS 的设置。

(3)BIOS 各项设置

①标准 CMOS 特性设置。进入标准 CMOS 设置界面，如图 3-62 所示。

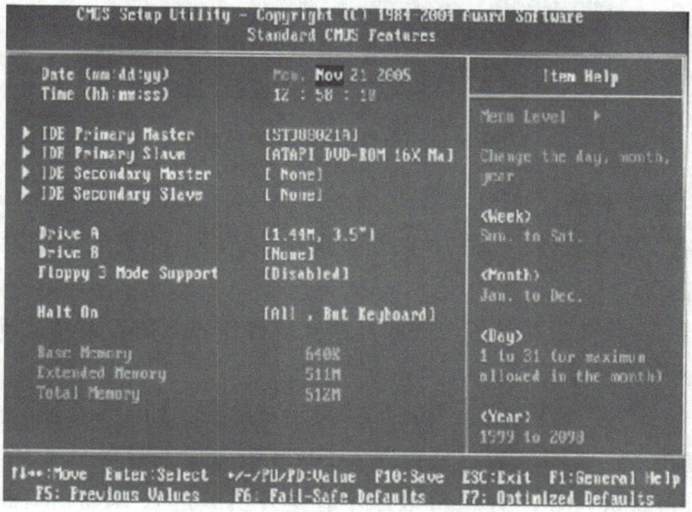

图 **3-62**　标准 **CMOS** 设置界面

标准 CMOS 主要设置项目如下。

Date：该选项主要用于设置系统当前日期，其格式为：＜星期＞＜月份＞＜日期＞＜年份＞。

Time：用于设置当前时刻，以＜时＞＜分＞＜秒＞的格式显示。

IDE Primary Master：IDE 第一接口主设备设置。

IDE Primary Slave：IDE 第一接口从设备设置。

IDE Secondary Master：IDE 第二接口主设备设置。

IDE Secondary Slave：IDE 第二接口从设备设置。

Drive A/Drive B/Floppy 3 Mode Support：这几个选项主要是设置软驱。

Halt On：该选项是在主机系统某些功能发生问题的时候，设置系统是否停止引导。主要选项有 No errors(无论出现什么错误都不停止引导)、All errors(无论出现什么错误都停止引导)、All，But Keyboard(除了键盘以外的错误都停止引导)、All，But Diskette(除了磁盘以外的错误都停止引导)、All，But Disk/Key(除了键盘和磁盘之外的错误都停止引导)。这里可以根据用户自己的实际情况进行设置，如果用户希望能加快启动速度的话，建议可以设为 No errors。

②高级 BIOS 设置。进入高级 BIOS 设置界面，如图 3-63 所示。

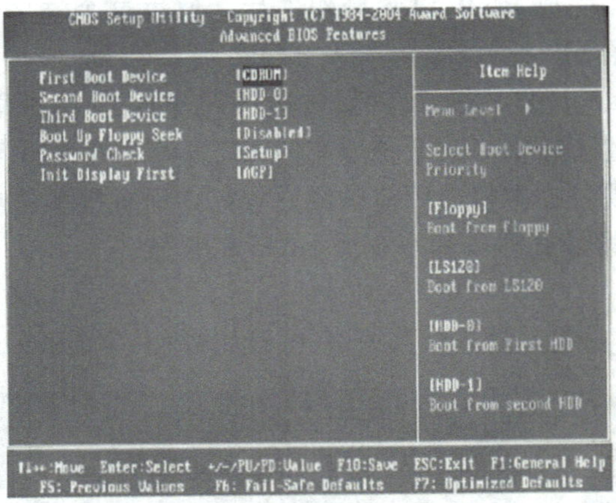

图 3-63　高级 BIOS 设置界面

高级 BIOS 主要设置项目如下。

设置电脑的第 1 启动设备。例如，在安装操作系统时，可将此项设置为 CDROM，将电脑设置为光驱启动。

设置电脑的第 2、第 3 启动设备。例如，在安装操作系统时，可将此项设置为 HDD-0，将第 2 启动设备设置为硬盘。

设置开机时是否自动检测软驱，Disabled 表示不检测，Enabled 表示检测。

设置密码检查层级。Setup 表示只在进入 BIOS 设置时需要输入密码，否则无法修改 BIOS 设置，此项为默认设置；System 表示不管是开机或进入 BIOS 都需要输入密码才能使用电脑。注意，真正的密码还必须配合后面介绍的 Set Password 选项进行。

选择 AGP 表示以 AGP 显卡作为主显示设备，选择 PCI Slot 表示以 PCI 显卡作为主显示设备。

③集成设备管理。进入集成设备管理界面，如图 3-64 所示。

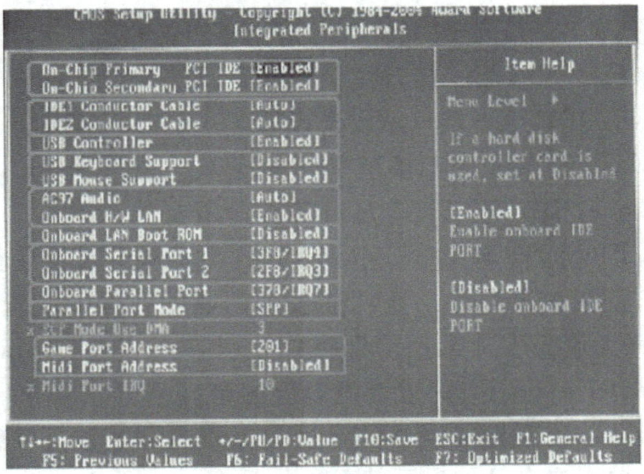

图 3-64　集成设备管理界面

集成设备管理界面主要设置项目如下。

On-Chip Primary/Secondary PCI IDE：设置是否允许主板上的两个 IDE 接口。

IDE1/IDE2 Conductor Cable：侦测 IDE1 和 IDE2 接口电缆是 40 针或 80 针排线。

USB Controller：设置是否启动 USB 功能。

USB Keyboard/Mouse Support：设置是否启动对 USB 键盘和 USB 鼠标的支持。

AC'97 Audio：设置是否启用集成的声卡和网卡。

Onboard H/W LAN：设置是否允许利用网卡唤醒计算机。

Onboard LAN Boot ROM：设置是否使用板载网卡引导 ROM 功能。

Onboard Serial Port 1/2：指定 COM1 和 COM2 接口使用的资源，并可将其禁用。目前很少有设备使用这两个接口，最好将其禁用以节省系统资源。

Onboard Parallel Port：指定并口使用的资源。

Parallel Port Mode：指定并口模式。

Game Port Address：指定板载游戏端口所占用的 I/O 地址。

Midi Port Address：指定内置 Midi 设备所占用的 I/O 地址。

④密码设置。进入密码设置界面，如图 3-65 所示。

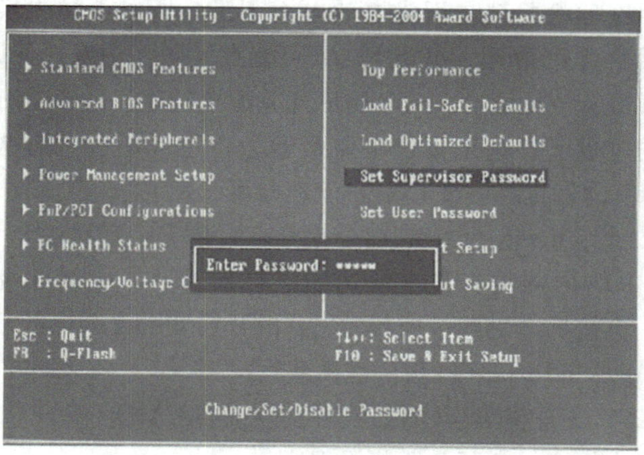

图 3-65 密码设置界面

如果要设定密码，只要将光标移动到 Set Supervisor Password(设定管理者密码)或 Set User Password(设定用户密码)选项上，然后按下回车键，就会出现密码设置框。首先应输入当前密码(如果有的话)，然后再输入两遍新密码即可。密码设定的字符最多 8 位。

(4)BIOS 设置实例

例子：一台台式计算机，由于使用的时间较长，系统非常慢，想重新做一下系统，要求设置从光驱启动。

操作步骤如下。

①启动计算机时，按 Del 键进入 BIOS 设置程序。

②利用方向键移动光标，使其停留在 Advanced BIOS Features 选项上，然后按 Enter

键进入设置界面。

③选择 First Boot Device(第一启动设备)或相似选项，然后按 Enter 键，在打开的界面中按上下方向键将光标停留在 CD-ROM 或相似选项上，再按 Enter 键设置第一启动设备为光驱。

④选择 Second Boot Device(第二启动设备)选项，将该选项设置为 HDD-0 或相似选项，从而设置第二启动设备为硬盘。

⑤按 F10 键，在出现的界面中输入“Y”，然后按 Enter 键保存设置并退出 BIOS。

5. BIOS 的错误信息和解决方法

在开机的时候，如果 BIOS 存在一些设置上的问题，一般会在开机画面上给出提示信息，可以根据提示信息采取相应的措施解决，常见的错误信息和解决方法如下：

(1)CMOS battery failed(CMOS 电池失效)

原因：说明 CMOS 电池的电力已经不足，应更换新的电池。

(2)CMOS check sum error-Defaults loaded(CMOS 执行全部检查时发现错误，因此载入预设的系统设定值)

原因：通常发生这种状况都是因为电池电力不足，所以不妨先换个电池试试看。如果问题依然存在的话，那就说明 CMOS RAM 可能有问题，最好送回原厂处理。

(3)Display switch is set incorrectly(显示开关配置错误)

原因：较旧型的主板上有跳线可设定显示器为单色或彩色，而这个错误提示表示主板上的设定和 BIOS 里的设定不一致，重新设定即可。

(4)Press Esc to skip memory test(内存检查，可按 Esc 键跳过)

原因：如果在 BIOS 内并没有设定快速加电自检的话，那么开机就会执行内存的测试，如果不想等待，可按 Esc 键跳过或到 BIOS 内开启 Quick Power On Self Test 选项。

(5)Secondary slave hard fail(检测从盘失败)

原因：可能是 CMOS 设置不当(例如没有从盘但在 CMOS 里设有从盘)，也可能是硬盘的电源线、数据线未接好或者硬盘跳线设置不当。

(6)Override enable-Defaults loaded(当前 CMOS 设定无法启动系统，载入 BIOS 预设值以启动系统)

原因：可能是 BIOS 内的设定并不适合计算机(例如内存主频只有 100MHz，而在 BIOS 内设为 133MHz)，这时进入 BIOS 设定重新调整即可。

(7)7Press Tab to show POST screen(按 Tab 键可以切换屏幕显示)

原因：有一些 OEM 厂商会以自己设计的显示画面来取代 BIOS 预设的开机显示画面，而此提示就是要告诉使用者可以按 Tab 键来把厂商的自定义画面和 BIOS 预设的开机画面进行切换。

(8)Resuming from disk，Press Tab to show POST screen(从硬盘恢复开机，按 Tab 键显示开机自检画面)

原因：某些主板的 BIOS 提供了 Suspend to disk(挂起到硬盘)的功能，当使用者以

Suspend to disk 的方式来关机时，那么在下次开机时就会显示此提示消息。

6. 升级 BIOS

计算机的硬件技术层出不穷，对主板的 BIOS 进行升级可用极小的代价换取计算机性能的提升，但是升级主板 BIOS 需要使用者具备相应的硬件知识，而且其本身也具备一定的危险性。

(1)升级 BIOS 的好处

现在绝大多数主板采用的是 Flash EPROM(闪速可擦可编程只读存储器)，可直接用软件改写升级，因而给 BIOS 的升级带来很大的方便。升级主板的 BIOS 可以获得 BIOS 版本的提升，修正以前版本中的 Bug，并且提供对新硬件新技术的支持，最重要的是能给整机带来性能上的提升和功能上的完善。

(2)升级准备

①使用 EVEREST 查看主板生产厂家和型号，如图 3-66 所示。

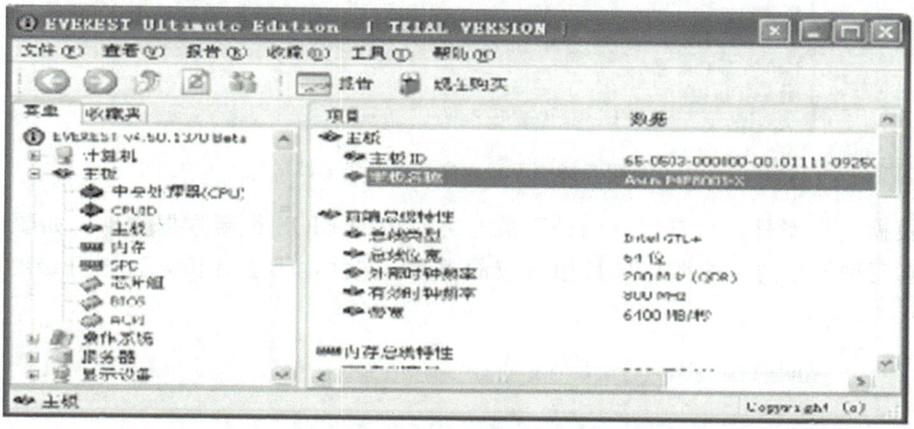

图 3-66　主板型号

②查看主板 BIOS 类型和版本，如图 3-67 所示。

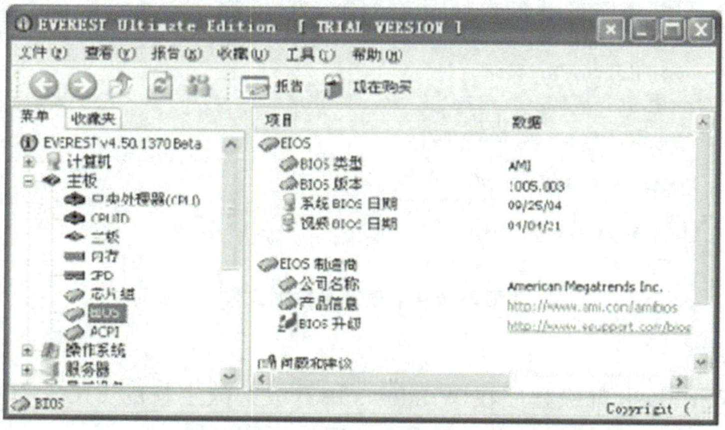

图 3-67　主板 BIOS 类型和版本

③根据 BIOS 类型，从网上下载与之对应的升级工具，如图 3-68 所示。不同类型的 BIOS 使用的升级工具不同，相互之间不能混用。例如，AwdFlash 和 WinFlash 分别为 Award BIOS 在 DOS 下和 Windows 下的升级工具；WinSFI 为 AMI BIOS 在 Windows 下的升级程序；还有一些主板有自己专用的、由主板厂商提供的升级工具。

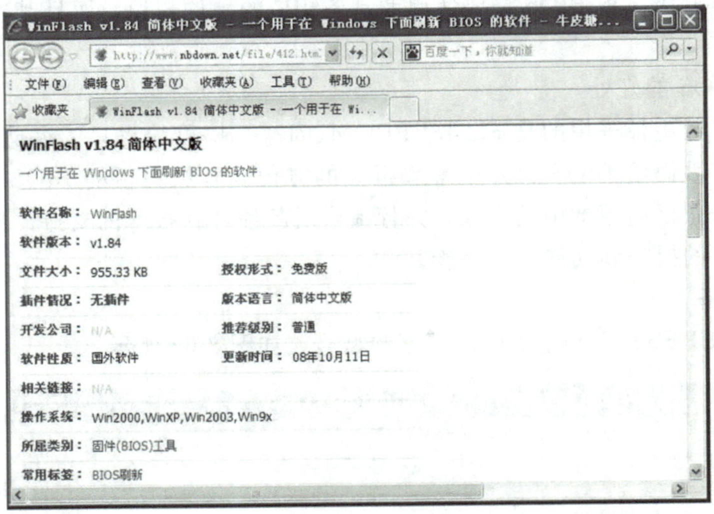

图 3-68　下载对应型号升级工具

④根据主板型号，从其官方网站下载与之对应的 BIOS 最新数据文件，如图 3-69 所示。注意每种型号的主板都有与其相对应的 BIOS 文件，不能弄错，否则升级时会损坏主板。

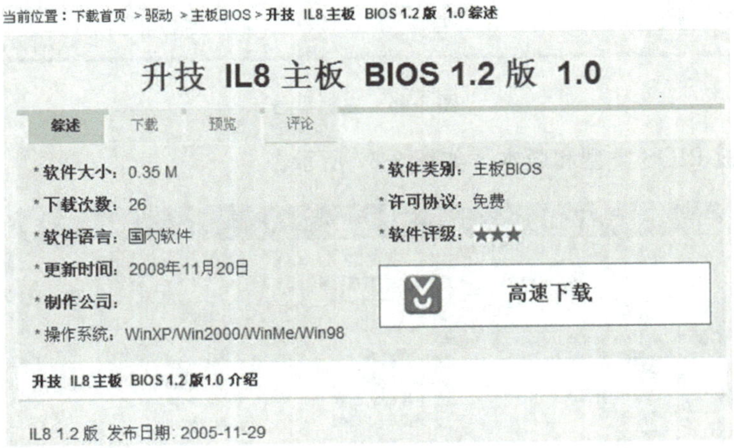

图 3-69　下载升级数据文件

(3)升级步骤

下面利用 WinFlash 升级程序在 Windows 中升级某款主板的 BIOS。刷新过程中注意别重启计算机，也别运行任何程序，还需要关闭病毒防火墙。

①将下载回来的 WinFlash 软件解压缩，并与用来升级的 BIOS 数据文件放在同一文件夹下，如图 3-70 所示。

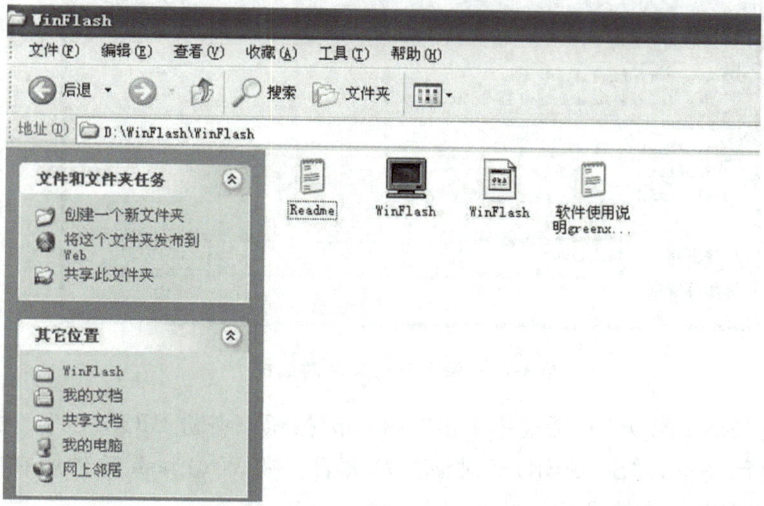

图 3-70　**WinFlash** 程序和 **BIOS** 升级数据文件

②双击“WinFlash”图标启动程序，打开 WinFlash 主界面，如图 3-71 所示。

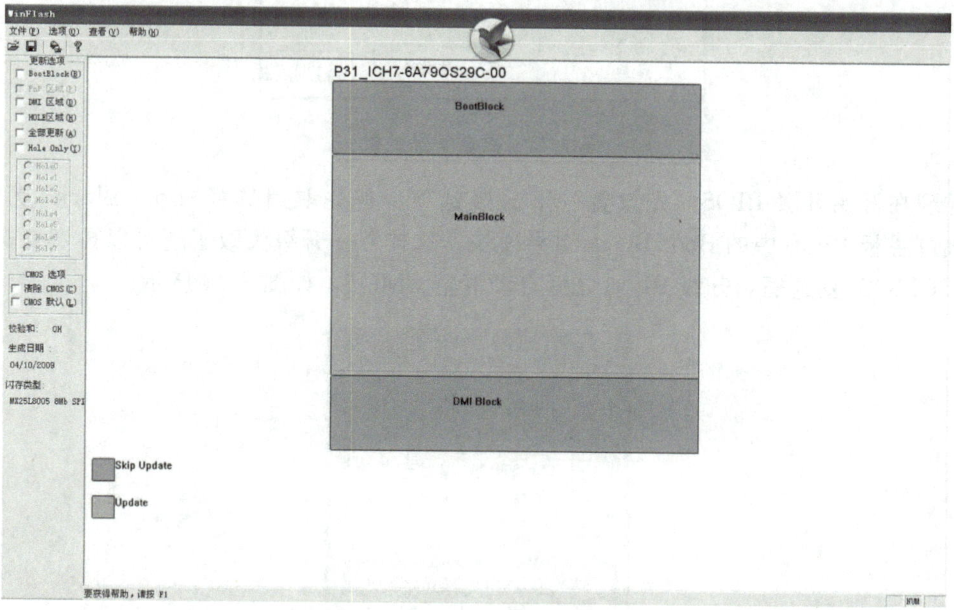

图 3-71　**WinFlash** 主界面

③先备份现在使用的 BIOS 数据文件，以便新 BIOS 文件出现不稳定时可以刷回。选择“File→Save Old”菜单，打开保存对话框。

④输入文件名并单击“保存”按钮，如图 3-72 所示。

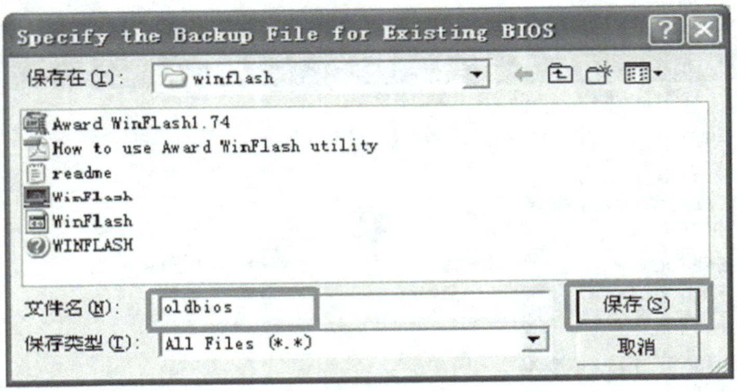

图 3-72　保存备份文件对话框

⑤在打开的“Save BIOS”对话框中单击“Backup”按钮，备份 BIOS 文件，如图 3-73 所示。当进度条显示完毕，“Save BIOS”对话框消失后，在 WinFlash 软件所在的文件夹下会多了一个 BIN 文件，这便是备份的 BIOS 文件。

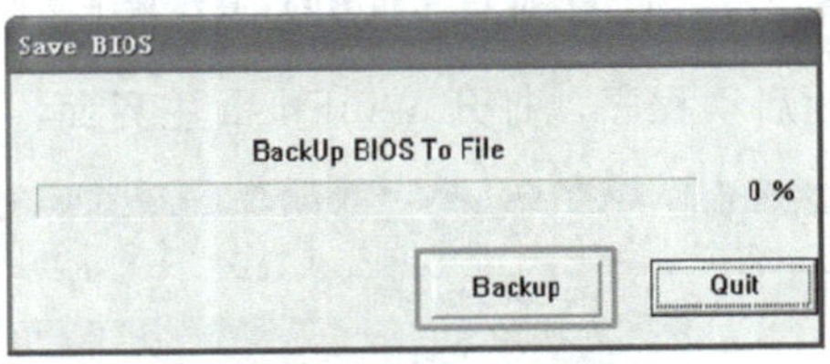

图 3-73　数据备份过程

⑥现在开始升级 BIOS，先设置一下升级选项。首先取消选择“Boat Block”复选框，表示跳过主板 BIOS 中的 Boot Block 引导模块，这样万一升级失败了还可以再恢复；选中“Clear CMOS”复选框，升级 BIOS 之后自动清空 CMOS，如图 3-74 所示。

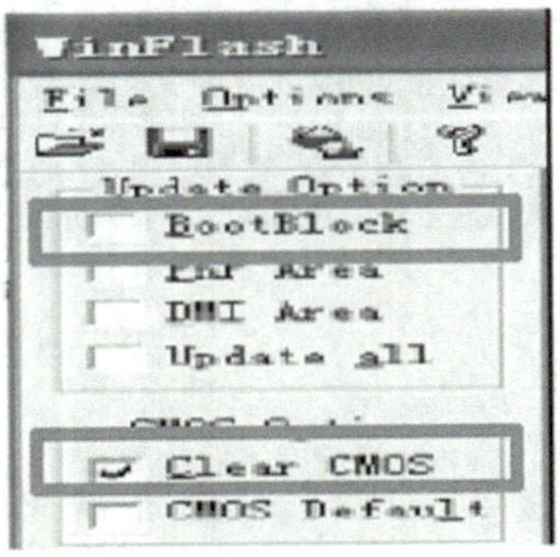

图 3-74　设置升级选项

⑦选择“File→Update BIOS”菜单，在打开的对话框中选中用来升级的 BIOS 数据文件，然后单击“打开”按钮，如图 3-75 所示。

⑧在弹出的“Update BIOS”对话框中，单击“Update”按钮，开始升级，如图 3-76 所

示。升级完成后，出现一对话框提示需要重新启动，单击"Yes"按钮，重新启动，BIOS刷新完成。

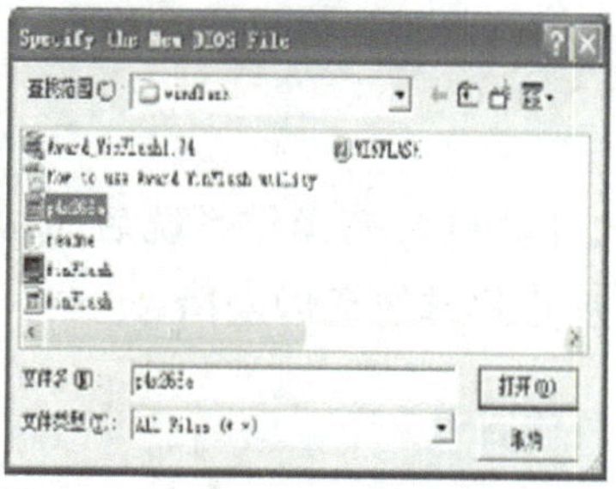

图 3-75　打开升级数据文件

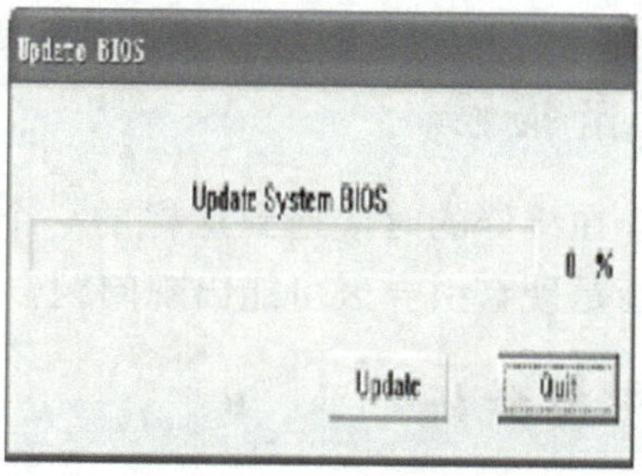

图 3-76　升级过程

技能训练

1. 设置系统时间

①启动计算机时，按下 Del 键，进入 BIOS 设置主界面。

②在 BIOS 设置主界面中，选择 Standard CMOS Features 选项，按 Enter 键。

③在 Date 和 Time 选项中通过 Page Up 键和 Page Down 键调整系统的时间和日期。

④按 F10 键，在出现的界面中输入"Y"，然后按 Enter 键保存设置并退出 BIOS。

2. 设置磁盘引导顺序

在安装操作系统或使用 Ghost 软件恢复系统时，常需要运行光盘引导程序，这时就必须在 BIOS 中将第一磁盘顺序改为光驱引导。

①启动计算机时，按 Del 键进入 BIOS 设置主界面。

②利用方向键移动光标，使其停留在 Advanced BIOS Features 选项上，然后按 Enter 键进入设置界面。

③选择 First Boot Device(第一启动设备)或相似选项，然后按 Enter 键，在打开的界面中按上下方向键将光标停留在 CD-ROM 或相似选项上，再按 Enter 键设置第一启动设备为光驱。

④按 F10 键，在出现的界面中输入"Y"，然后按 Enter 键保存设置并退出 BIOS。

任务完成

①说出 BIOS 主界面各项的功能。

②设置 U 盘为第一引导顺序。

③设置 CMOS 密码。

任务3 硬盘的分区与格式化

任务描述

小李在维修的时候遇到这样的一个难题，客户的计算机装完操作系统后无法进入系统，怀疑是硬盘引导区可能出现问题，他想了解一下原因以及解决的办法。

任务分析

新买的硬盘，必须要对硬盘进行分区和格式化以后才能使用。特别是硬盘的分区表非常关键，它是支持硬盘正常工作的骨架。操作系统正是通过它把硬盘划分为若干个分区，然后在每个分区里面创建文件系统，写入数据文件。如果系统不能启动多半是分区表没有引导程序，必须对硬盘重新进行分区，只要掌握了分区的方法，就能解决这个问题。

任务实施

对硬盘进行分区的操作如下。

①准备一张可以进入 DOS 环境的系统光盘，设置 BIOS 选项，用这张光盘引导计算机进入 DOS 环境。

②在 DOS 环境下运行 Fdisk 分区程序。

③对硬盘进行分区和格式化操作。

④重新启动计算机，并安装操作系统及相应的软件。

相关知识

1. 硬盘分区的类型和文件格式

分区是指将整个硬盘空间划分成几个部分。目前市场上的主流硬盘的容量越来越大，常见的硬盘容量已经达到了 200GB 以上，有的甚至达到 1TB 以上。如果在使用这么大的硬盘时不进行分区，将对计算机的性能的发挥和资源的管理带来不利的影响。因此，新购买的硬盘必须进行分区和格式化，以提高硬盘的利用率和实现资源的有效管理。

(1)分区类型

硬盘分区按其存储的内容的不同分为主分区、扩展分区和逻辑分区三种。

①主分区。主分区就是包含操作系统启动所必需的文件和数据的硬盘分区。要在硬盘上安装操作系统，则该硬盘必须要有一个主分区。通常情况下，计算机的主分区即是 C 盘。

②扩展分区。硬盘中除了主分区以外的空间称为扩展分区。但它不能直接使用，用户必须在扩展分区的基础上创建逻辑分区才行。

③逻辑分区。逻辑分区也就是平常在操作系统中所看到的 D、E、F 等逻辑盘，它们是从扩展分区中分配的。

例如，某一个硬盘的分区情况如图 3-77 所示。

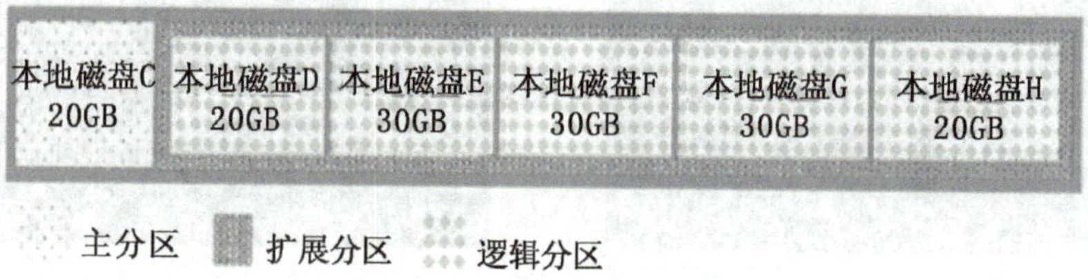

图 **3-77**　硬盘的分区情况

(2)硬盘分区的文件格式

为了改善硬盘存储文件的性能，不同的操作系统提供不同的文件格式类型，目前 Windows 操作系统主要适用 FAT32 和 NTFS 两种文件格式。

①FAT32 文件格式。FAT32 是 Windows 系统硬盘分区格式的一种。这种格式采用 32 位的文件分配表，使其对磁盘的管理能力大大增强，突破了 FAT16 对每一个分区的容量只有 2 GB 的限制。由于现在的硬盘生产成本下降，其容量越来越大，运用 FAT32 的分区格式后，可以将一个大硬盘定义成一个分区而不必分为几个分区使用，大大方便了对磁盘的管理。目前已被性能更优异的 NTFS 分区格式所取代。

②NTFS 文件格式。NTFS 文件格式支持分区的容量更大，而且没有文件大小的限制，可以更好地管理磁盘，并拥有更佳的硬盘实际利用率。同时，安全也得到了进一步提高。在使用中不易产生文件碎片，对硬盘的空间利用及软件的运行速度都有好处。它能记录用户的操作，通过严格限制用户权限，使每个用户只能按系统赋予的权限操作，充分保护了网络系统与用户的安全。

(3)常用的分区工具

对硬盘进行分区一般需借助分区软件进行操作，目前常用的分区软件包括 Fdisk、Partition Magic、DiskGenius、DiskManager 等。

2. 使用 Fdisk 进行硬盘分区

最简单的硬盘分区软件非 Fdisk 莫属，通常是用系统光盘中带有的 DOS 工具进行操作。下面介绍使用启动盘中自带的分区程序 Fdisk 来进行硬盘分区的过程。

(1)创建主分区

对于新硬盘，首先应创建主分区，其具体操作如下。

①用 Windows XP 启动盘启动系统进入 DOS 后，出现如图 3-78 所示 DOS 界面。

在提示符“A:\>”下输入“Fdisk”，按 Enter 键打开 Fdisk 程序，出现如图 3-79 所示询问是否支持大容量硬盘界面。

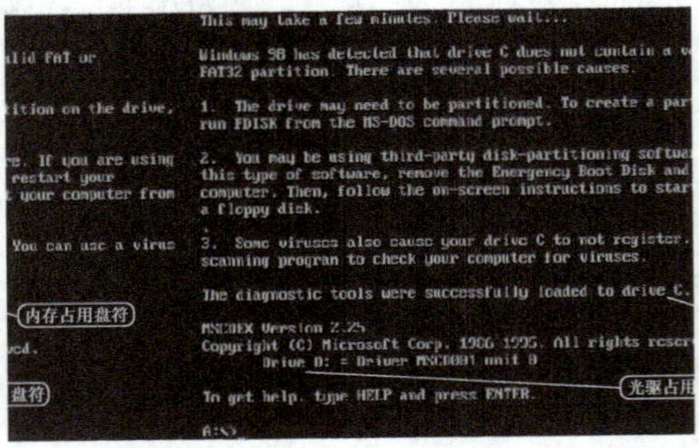

图 3-78　DOS 系统界面

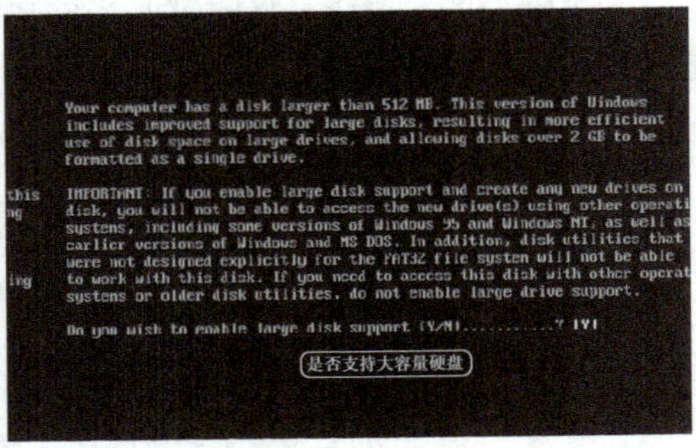

图 3-79　询问是否支持大容量硬盘界面

②当然选择“Y”支持大容量硬盘。按 Enter 键后，出现如图 3-80 所示 Fdisk 程序的主菜单画面。这里有 4 个选项，各选项的作用如图 3-80 所示。

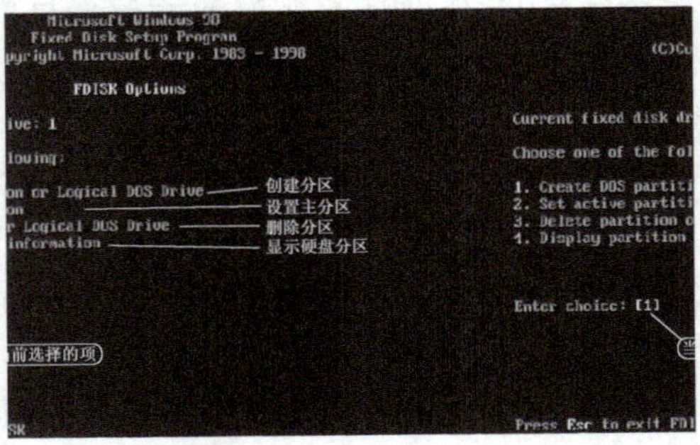

图 3-80　Fdisk 程序主菜单界面

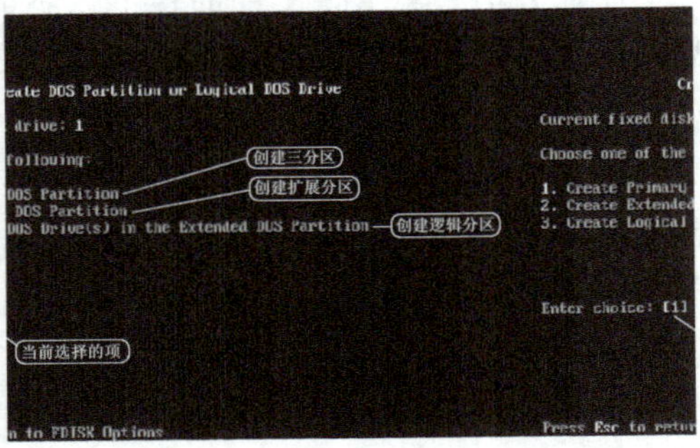

图 3-81　创建分区界面

③选择第 1 项(创建分区)，按 Enter 键后，出现如图 3-81 所示的创建分区界面。这里有 3 个选项，各选项的作用如图 3-81 所示。

④选第 1 项(创建主分区)，按 Enter 键后，出现如图 3-82 所示的扫描硬盘界面。

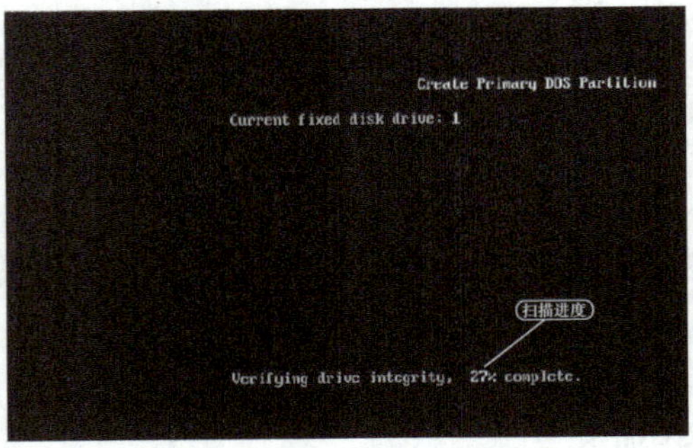

图 3-82　扫描硬盘界面

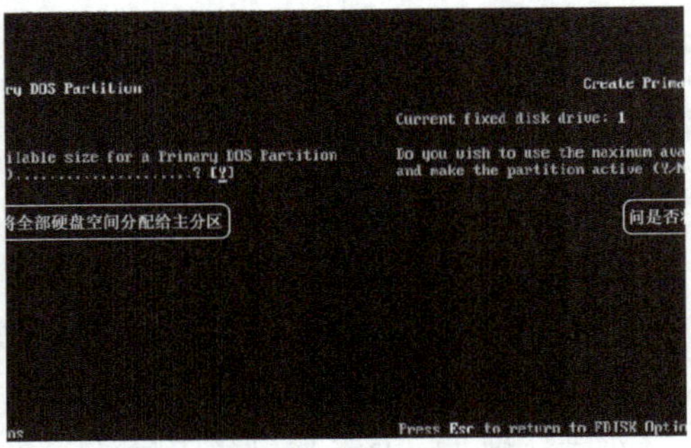

图 3-83　询问是否将全部硬盘空间分配给主分区

⑤开始扫描硬盘剩余空间的大小，扫描结束后问是否将全部空间分配给主分区，如图 3-83 所示。

⑥现在的硬盘不选择只建一个分区，因此这里输入“N”，如图 3-84 所示。

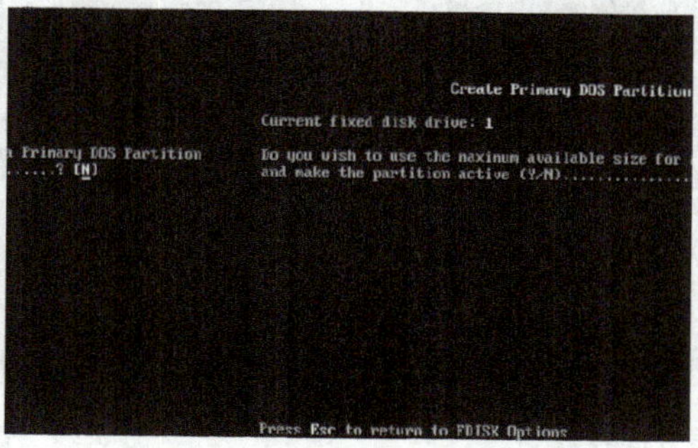

图 3-84　确定不将全部空间分配给主分区

⑦按 Enter 键后，显示出硬盘总容量，但又继续扫描硬盘，如图 3-85 所示，完成后出现如图 3-86 所示界面。

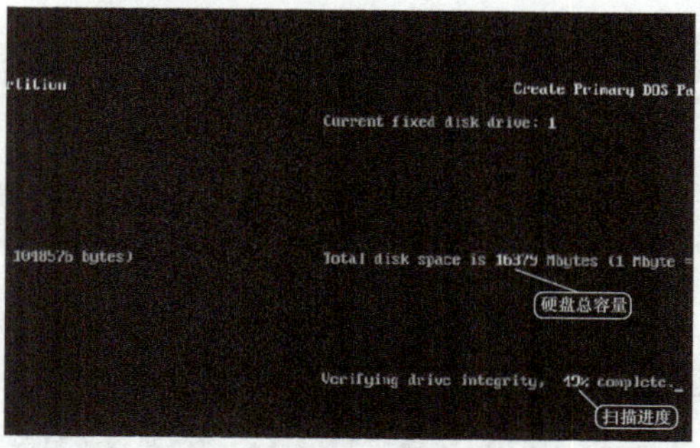

图 3-85　扫描硬盘进度

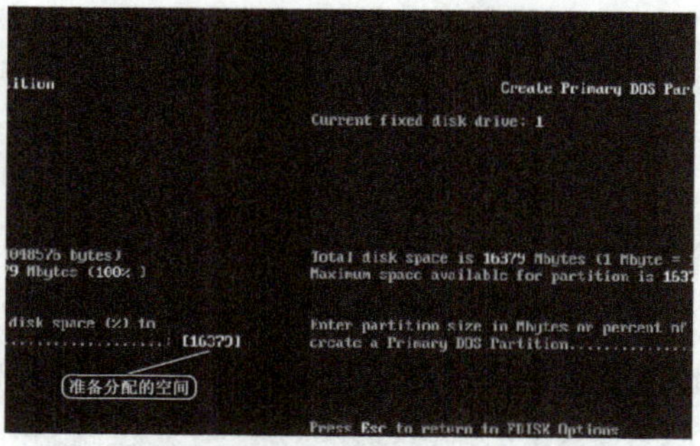

图 3-86　分配主分区的大小界面

⑧这里要输入准备分配给主分区的容量，可输入主分区的大小，也可用百分比输入。例如，准备平均分配硬盘容量为 4 个分区，因此在这里输入“25%”，如图 3-87 所示。

⑨按 Enter 键后，主分区就建立了，出现如图 3-88 所示主分区创建成功界面。

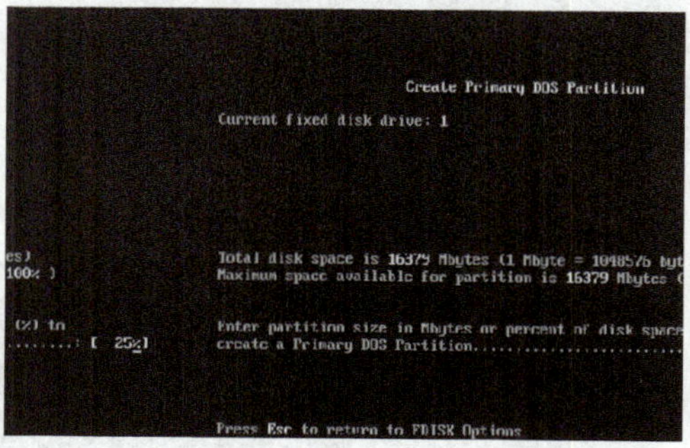

图 3-87　主分区分配百分比

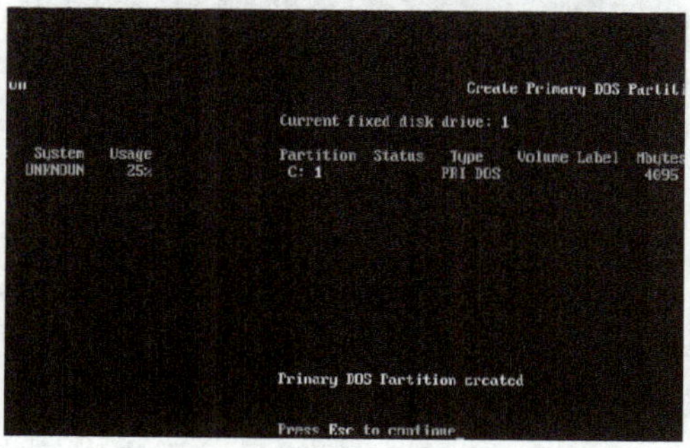

图 3-88　主分区创建成功

(2)创建扩展分区

①接下来要创建扩展分区。在 Fdisk 创建分区界面(图 3-81)中选择第 2 项(创建扩展分区)，按 Enter 键后，继续扫描硬盘，扫描完毕后，将显示当前硬盘的剩余容量并提示用户输入为扩展分区分配的硬盘大小，如图 3-89 所示。

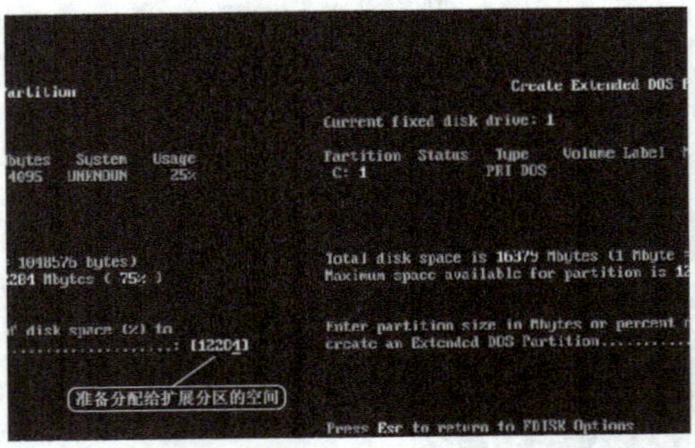

图 3-89　分配扩展分区容量

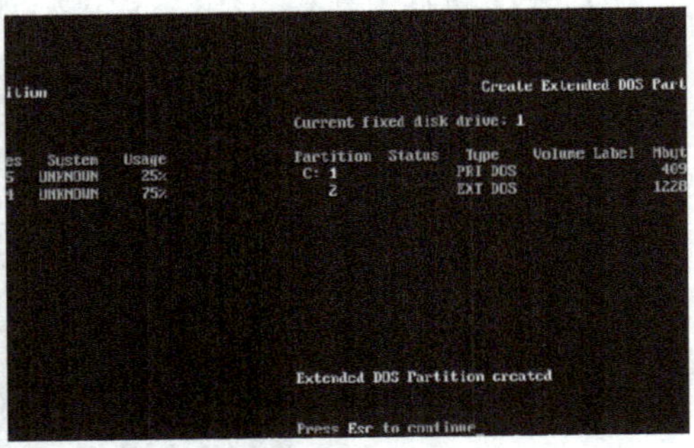

图 3-90　扩展分区创建成功

②建议使用默认值，然后按 Enter 键即可创建扩展分区。

③系统自动将剩余容量分配给扩展分区，并提示该分区创建成功，如图 3-90 所示。该界面还显示了分区信息。

(3)创建逻辑分区

由于扩展分区本身不能被直接使用，因此还需要在该分区下创建逻辑分区，具体操作如下。

①在扩展分区创建成功后，按 Esc 键退出。系统将提示用户创建逻辑分区，并自动检测硬盘，如图 3-91 所示。

②硬盘检测完毕后将显示扩展分区的大小，提示用户进行逻辑分区大小的划分，在此界面中以 MB 为单位输入第 1 个逻辑分区(D 盘)的容量，如图 3-92 所示。

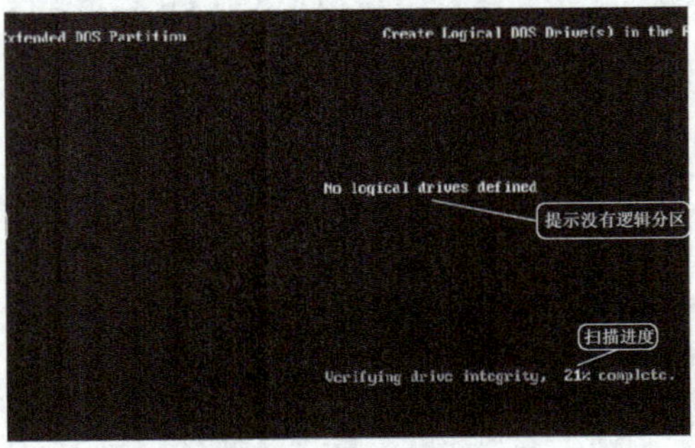

图 3-91　检测硬盘

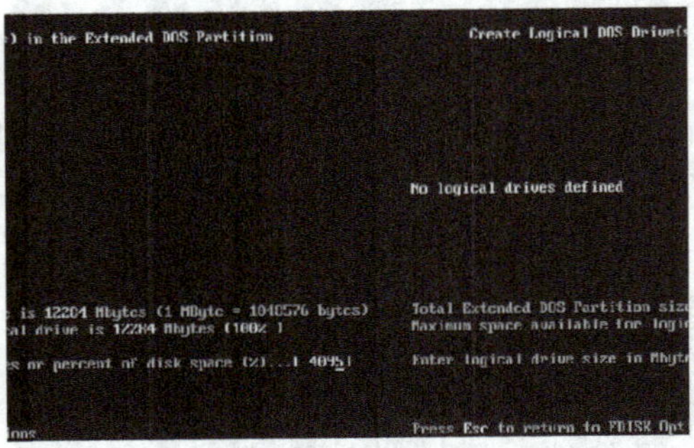

图 3-92　分配逻辑分区空间

③按 Enter 键后，系统提示逻辑分区创建成功，并继续检查扩展分区剩余的空间，如图 3-93所示。

④检查完成后，系统提示用户继续将剩余空间划分为其他分区。

⑤用户可以按照上面所讲的操作步骤继续划分其他逻辑分区。所有剩余磁盘空间分配完成后按 Esc 键返回到 Fdisk 主菜单。

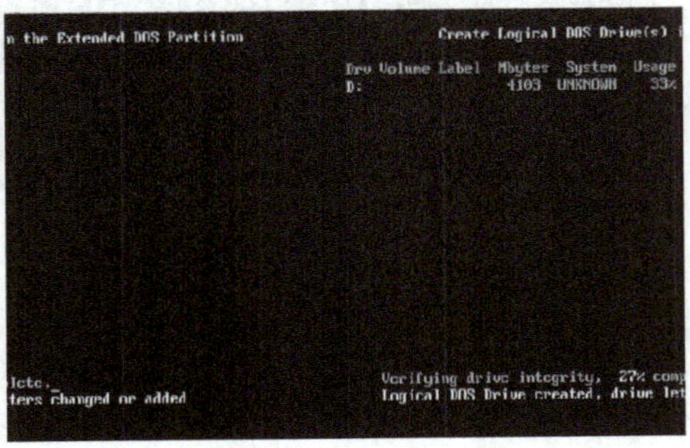

图 3-93　检查剩余空间

(4)激活主分区

创建好硬盘的各分区后，还必须激活硬盘的主分区，否则安装操作系统时会出现问题，具体操作如下。

①在 Fdisk 主菜单界面(图 3-80)中，在下方的输入框中输入“2”，按 Enter 键，系统将进入到提示用户选取要激活的分区界面，如图 3-94 所示。因为只有主分区可以用来启动系统，所以保持默认设置，然后按 Enter 键。

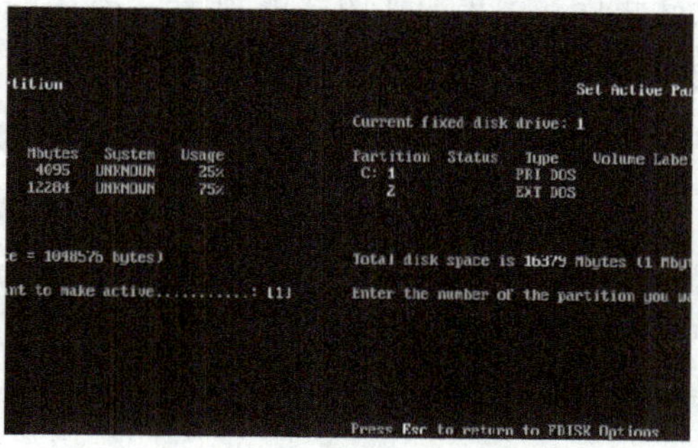

图 3-94　选取要激活的分区

②系统提示激活主分区成功，在界面的“Status”下多了“A”标记，表示此分区为活动分区，如图 3-95 所示。用户可以按 Esc 键退出激活主分区界面。

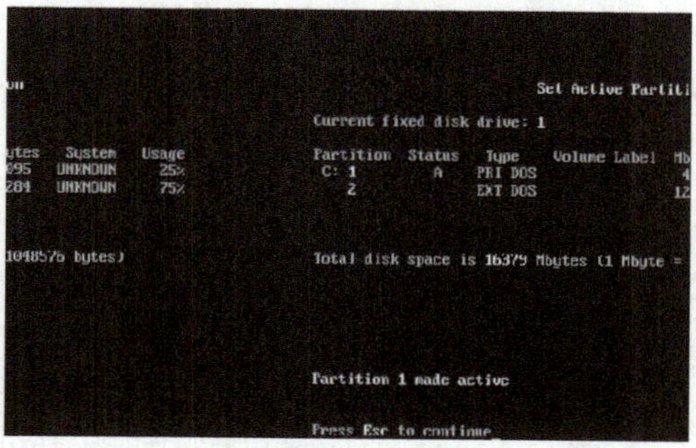

图 3-95　激活主分区成功

(5)查看分区信息

激活了主分区之后，就可以开始安装操作系统，若用户想查看刚才的分区情况，还需要在 Fdisk 中进行，其具体操作如下。

①在分区主菜单界面(图 3-80)下方的输入框中输入“4”，按 Enter 键。

②这时将显示当前硬盘中主分区和扩展分区的信息。

③用户在下方的输入框中输入“Y”，按 Enter 键，可对扩展分区的逻辑分区情况进行查看。确定分区成功后，即可按 Esc 键返回 Fdisk 分区的主菜单界面。

(6)重启系统

重新启动计算机，以使设置硬盘的分区生效。

3. 硬盘的高级格式化

给硬盘分区后，还必须将各分区进行高级格式化后才能正常使用。格式化分区一般使用 DOS 系统的 Format 命令进行。

4. 使用 DiskGenius 进行快速分区

①打开 DiskGenius 软件之后，主界面如图 3-96 所示。首先选中需要分区的硬盘，然后单击“快速分区”按钮，如图 3-96 所示。

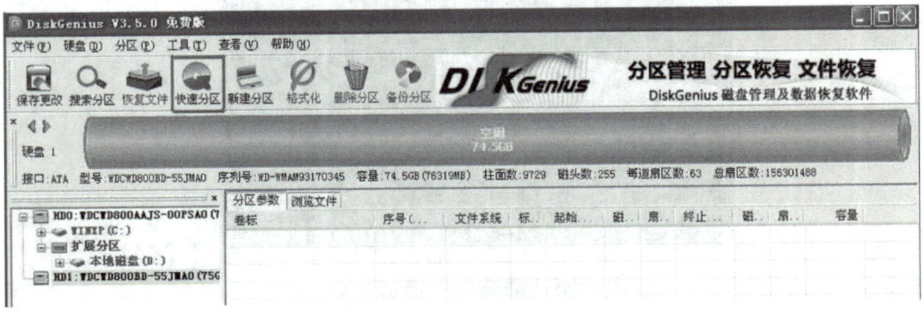

图 3-96　DiskGenius 主界面

②在打开的快速分区窗口中，在左侧选择需要分区的数量，然后在“高级设置”选项组设置每个分区的大小，如图 3-97 所示。

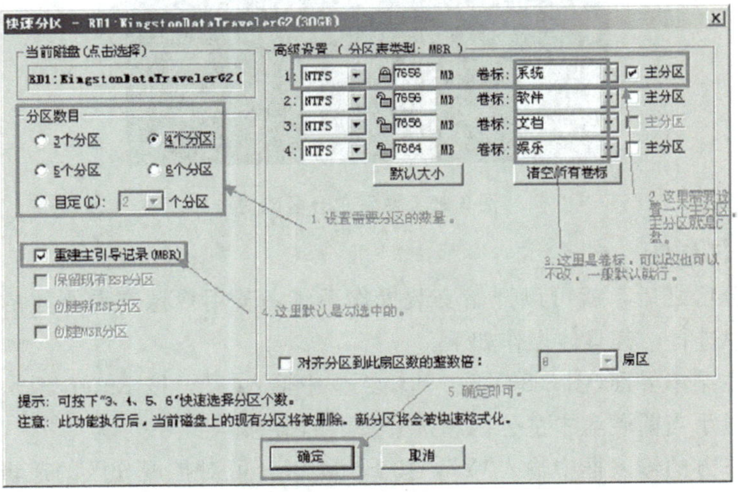

图 3-97　快速分区界面

③单击“确定”按钮之后，就会自动分区，自动格式化，如图 3-98 所示。

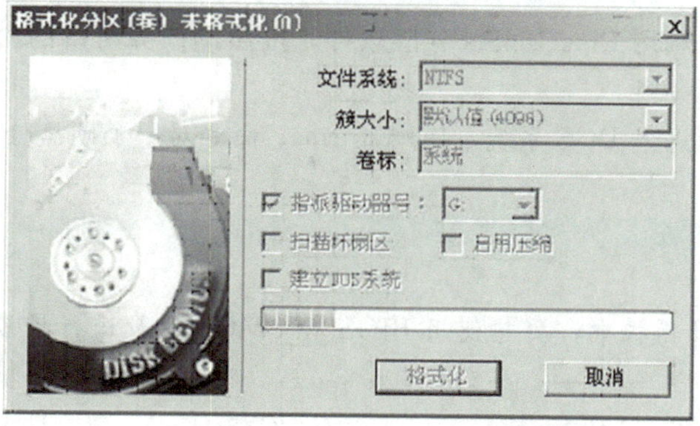

图 3-98 正在执行快速分区

④分区之后的硬盘，由主分区和扩展分区组成，主分区一般都是系统分区。分区后的磁盘状态如图 3-99 所示。

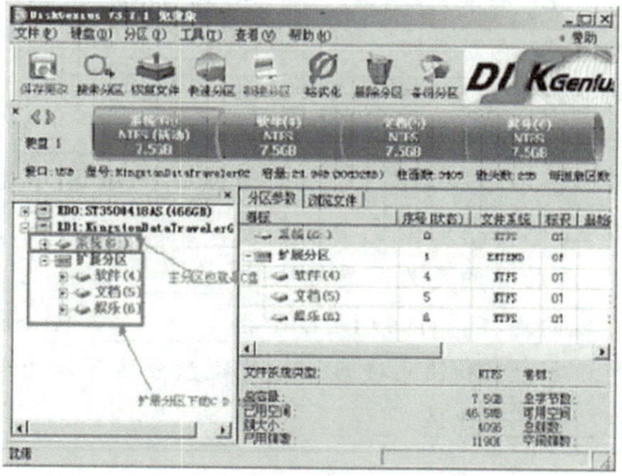

图 3-99 分区后的磁盘状态

技能训练

本次训练将删除一台实验室计算机硬盘中原有的分区。

操作思路如下。

①进入 DOS 系统，输入“Fdisk”命令，并按 Enter 键。

②在分区主界面(图 3-80)下方输入“3”，并按 Enter 键。

③删除硬盘原有的逻辑分区。

④删除硬盘的扩展分区。

⑤删除硬盘的主分区。

任务完成

①在试验机上，利用DiskGenius分区软件，按照本任务所讲的内容，重新对计算机进行分区。

②在试验机上，进入DOS系统，使用“format”命令对一个硬盘分区进行格式化操作。

巩固练习

一、选择题

1. 目前大多数计算机中，要想使用BIOS对CMOS参数进行设置，开机后，应按下的键是(　　)。

A. Ctrl　　B. Shift　　C. 空格　　D. Del

2. ATX主板电源接口插座为双排(　　)。

A. 12针　　B. 20针　　C. 18针　　D. 25针

3. 计算机硬件安装过程中最重要的是(　　)。

A. 安装驱动程序　　B. 安装光驱　　C. 安装网卡　　D. 安装CPU

二、填空题

1. 在拆装计算机的器件前，应该释放掉手上的________。

2. AGP(Accelerated Graphics Port)插槽插的组件是________。

3. SDRAM内存条的金手指通常是________线的，DDR SDRAM内存条的金手指通常是________线的，DDR2内存条的金手指通常是________线的。

4. 安装CPU涂抹硅胶的目的是为了更好地对________。

5. 机箱前面板信号线的连接，HDD LED是指________，RESET指的是________。

6. 硬盘分区可以更好地管理和使用硬盘，通过硬盘分区可以为硬盘分别建立________分区、________分区和________分区。

三、简答题

1. 组装计算机常用的工具有哪些?

2. 装机的注意事项有哪些?

3. 安装CPU的操作步骤有哪些?

4. 如何使用DiskGenius软件的快速分区功能进行分区?

项目4

计算机软件安装

安装操作系统和驱动程序是学习计算机组装与维修必会的一项技能。计算机的操作系统发生崩溃时，一般需要重新安装操作系统来解决。特别是在组装高配置计算机时，还需要单独安装计算机某些配件的驱动，以保证计算机能够正常地运行。下面就来介绍安装计算机操作系统和相应的驱动程序的方法。

学习目标

本项目主要学习计算机软件的安装，包括目前最常用的 Windows XP 操作系统的安装，一些硬件设备驱动程序的安装。通过本项目的学习，应掌握以下知识。

(1)Windows XP 操作系统及其他操作系统的安装方法。

(2)特殊设备的驱动程序安装方法。

任务1 安装操作系统

任务描述

岩峰单位新发了惠普品牌台式机，里面预装了 Windows 7 操作系统，但岩峰不太会用这个系统，他想把 Windows 7 换成 Windows XP 系统，所以找了一张 Windows XP 系统盘准备自己重新安装系统。

任务分析

计算机由硬件系统和软件系统组成，由硬件组成的机器称为“裸机”。直接在裸机上运行程序或解决某些应用问题将十分困难，所以，对于用户的需求，可以通过编制程序来实现，这样一类程序叫做计算机系统程序。在系统程序中最重要的就是操作系统，它能对计算机系统中的软、硬件资源进行管理，并为用户提供一个使用计算机的工作环境，启动用户和计算机之间的接口。

操作系统的种类很多，其中最常用的就是 Windows XP 系统。

任务实施

操作系统的安装比较容易，使用对应的系统安装盘上的安装程序，按照提示进行操作就可以了。基本操作步骤如下。

①在 BIOS 中将光驱设定为第一启动顺序。

②将 Ghost 版系统盘放入光驱中，选择安装选项。

③自动安装系统到计算机中。

④安装结束。

相关知识

由于 Windows XP 具有界面美观、操作方便、稳定性好等特点，因此已成为目前计算机中最受欢迎的操作系统之一。下面介绍 Windows XP 系统的安装方法。

1. Windows XP 的安装方式

(1)升级安装

升级安装即覆盖原有的操作系统，如果想将操作系统替换为 Windows XP 专业版，升级可以在 Windows 98/Me/2000 等操作系统中进行。

(2)全新安装

全新安装则是在没有任何操作系统的情况下安装 Windows XP 操作系统，一般用于新配置的计算机或计算机出现软件问题后的重装系统。

(3)多系统共享安装

多系统共享安装指保留原有操作系统，使之与新安装的 Windows XP 共存的安装方式，安装时不覆盖原有操作系统，将新操作系统安装在另一个分区中，与原有的操作系统可分开使用，互不干扰。

2. 全新安装 Windows XP

下面将介绍最常用的 Ghost 版本 windows XP 的安装过程，具体操作步骤如下。

①开机按 Del 键进入 BIOS 设置界面，如图 4-1 所示。

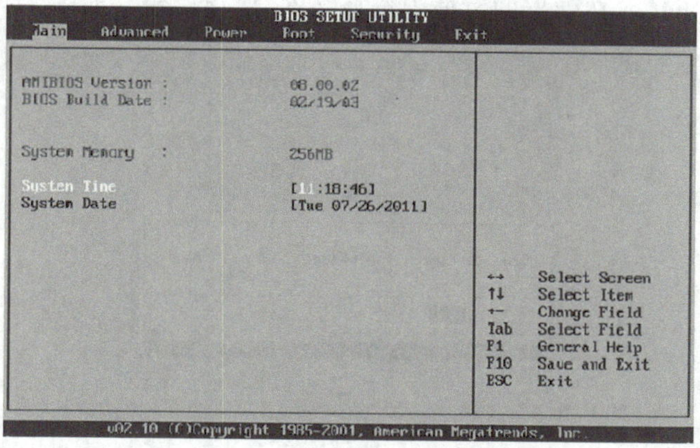

图 **4-1**　进入 **BIOS** 设置界面

②找到启动项设置“Boot”，如图 4-2 所示。

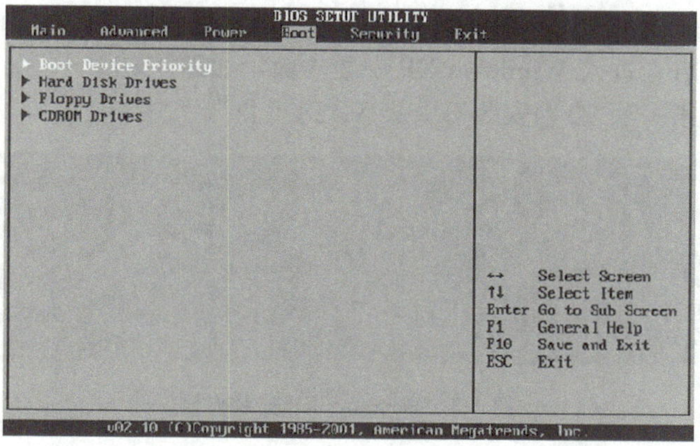

图 **4-2**　进入“**BOOT**”项

③设置第一启动项为“CD-ROM”，第二启动项为“Hard Driver”，如图 4-3 所示。

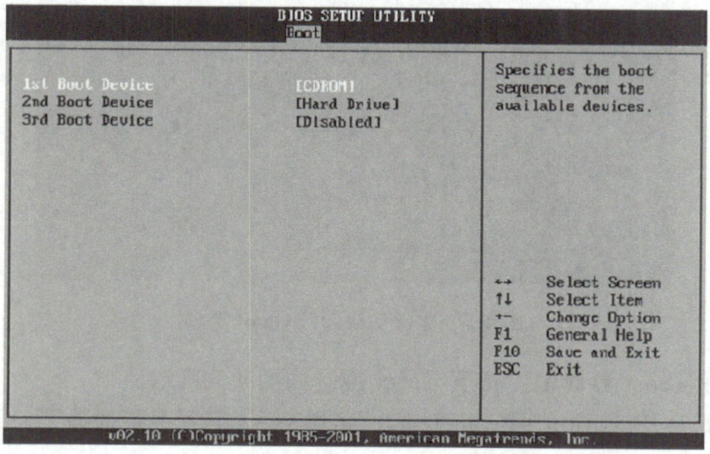

图 **4-3**　将光驱设为第一启动项

④按下快捷键 F10，在弹出的对框中选择“OK”保存设置，如图 4-4 所示。

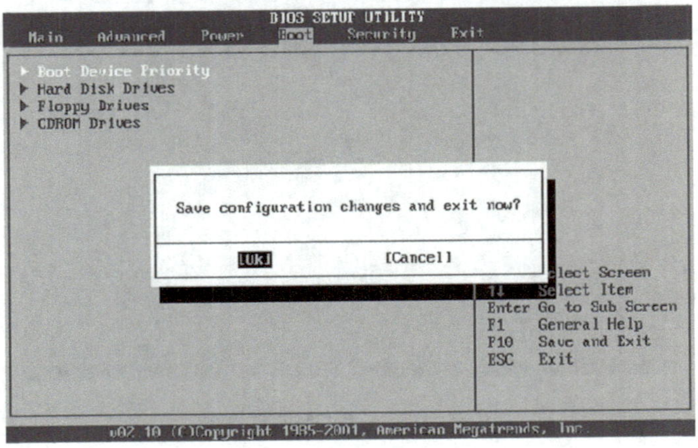

图 4-4 保存退出

注意：有些计算机的 BIOS 系统跟上边的不一样，可根据具体的 BIOS 进行设置。

⑤系统自动重启，进入 Windows XP 安装界面，如图 4-5 所示。如果想在无人值守下安装系统，则选择第一项“自动安装 Ghost XP 到 C 盘”。

图 4-5 Windows XP 安装界面

这里我们为了更详细地学习 Ghost 版的系统安装，所以选择“手动运行 Ghost 11.0.2”进行系统安装，如图 4-6 所示。如果选择自动安装，光盘功能将自动运行至第 20 步，中间不再需要任何的操作。

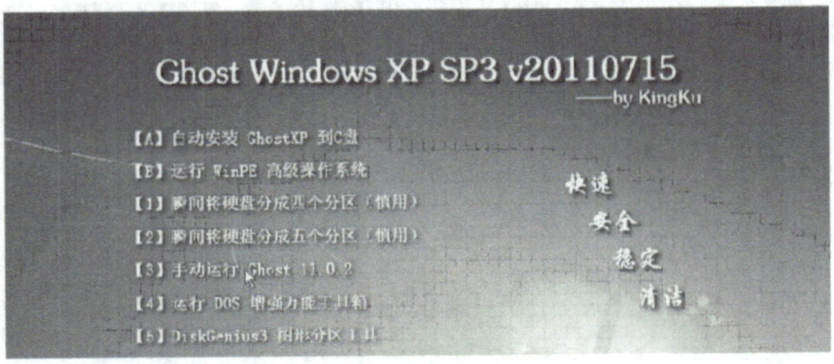

图 4-6 选择手动运行 Ghost 选项

⑥在进入的 Ghost 界面中，按下 Enter 键，如图 4-7 所示。

⑦选择“Local→Partition→From Image”菜单命令(千万不要选错了，否则会造成不必要的硬盘文件丢失)，如图 4-8 所示。

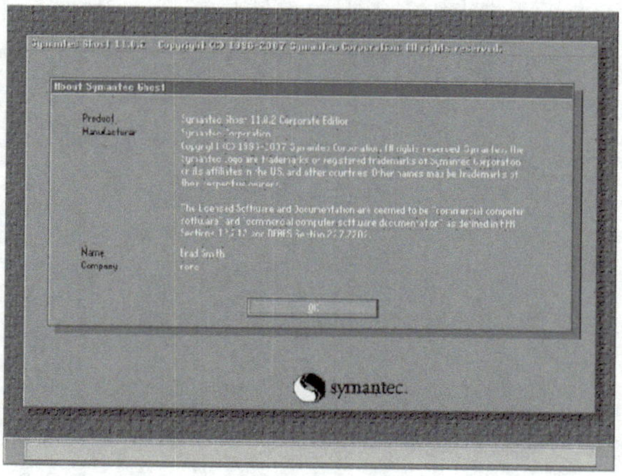

图 **4-7**　进入 **Ghost** 界面

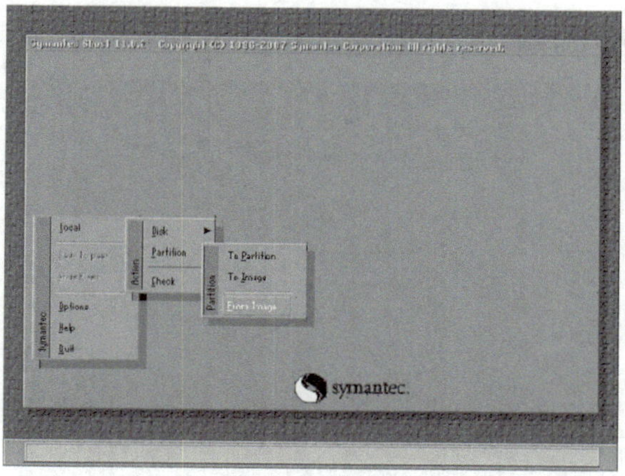

图 **4-8**　选择从映像文件

⑧选择光盘里的“WINXPSP3. GHO”文件，如图 4-9 所示，然后按下 Enter 键。

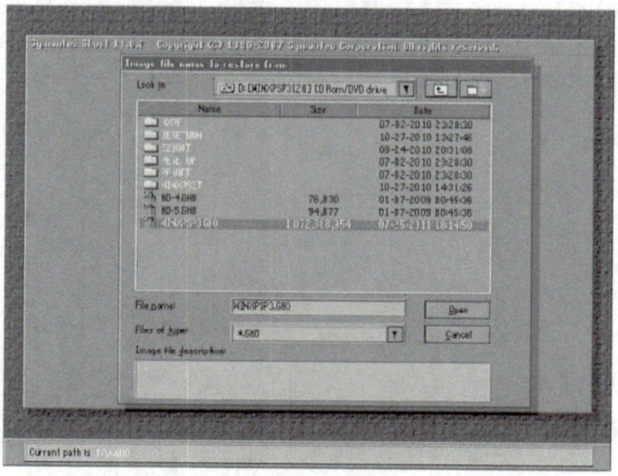

图 **4-9**　找到映像文件

⑨选择第一项“Primary”，如图 4-10 所示，然后按下 Enter 键。

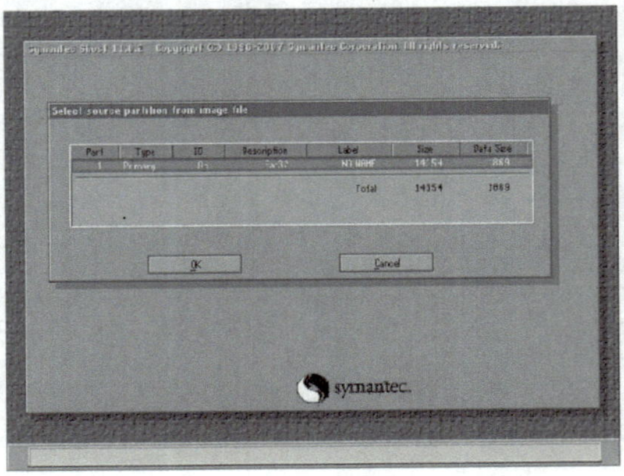

图 **4-10**　选择分区

⑩选择要安装系统的硬盘，如图 4-11 所示，然后按下 Enter 键。

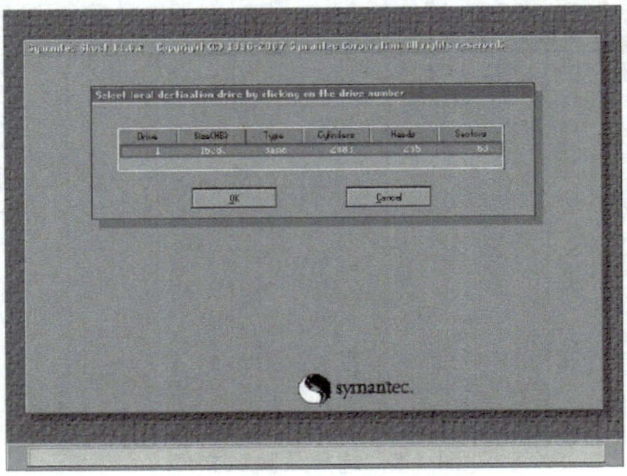

图 **4-11**　选择硬盘

⑪选择主分区，默认是第一个分区(“Primary”项)，如图 4-12 所示，然后按下 Enter 键。

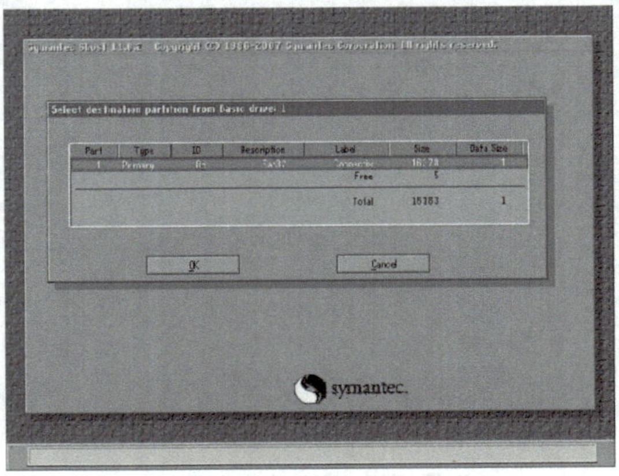

图 **4-12**　选择默认分区

⑫弹出警告窗口，询问是否继续还原，选择“Yes”按下 Enter 键，如图 4-13 所示。

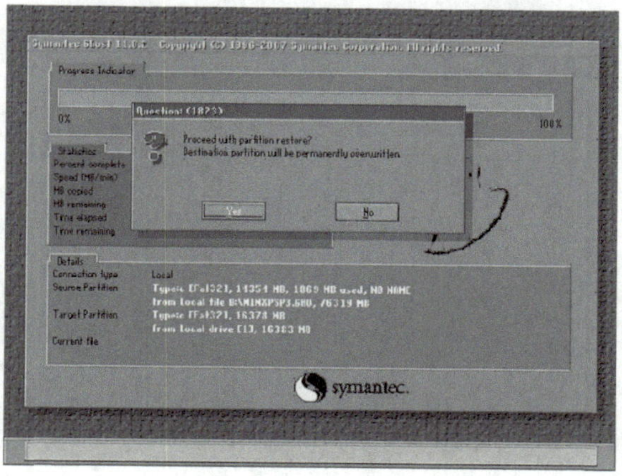

图 4-13　选择继续还原

⑬文件复制完毕后弹出对话框，选择“Reset Computer”，然后按下 Enter 键，直接重启计算机，如图 4-14 所示。

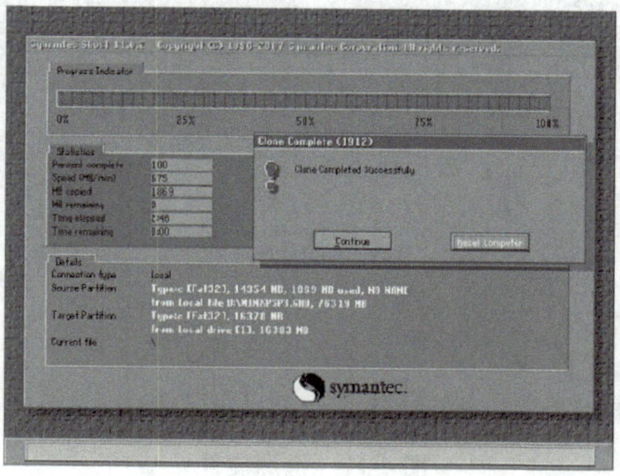

图 4-14　选择重启计算机

⑭重启后进入光盘操作界面，选择从“硬盘启动计算机”，如图 4-15 所示。

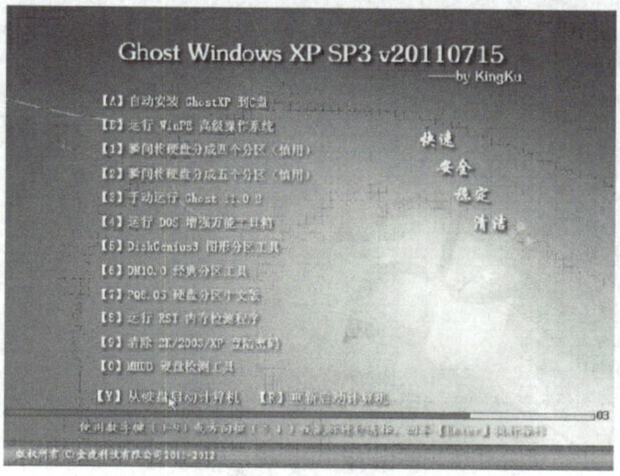

图 4-15　选择从硬盘启动

⑮选择第一项“Microsoft Windows XP Professional”(默认选择)，如图 4-16 所示，然后按下 Enter 键。

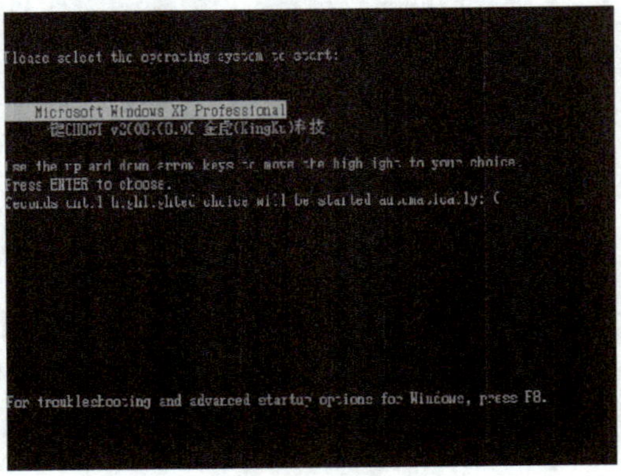

图 4-16　系统选项

⑯等待系统启动，检测硬件，如图 4-17 所示。

图 4-17　检测硬件

⑰弹出驱动安装窗口，如图 4-18 所示。

图 4-18　安装驱动

⑱系统安装、布置完成后，进行最小化安装及注册组件，如图 4-19 所示。也可按 F8 键跳过直接重启计算机(不建议)。

图 **4-19**　最小化安装

⑲重启计算机后，在光盘操作界面选择“从硬盘启动计算机”(默认选择)，再选择“Microsoft Windows XP Professional”(默认选择)，如图 4-20 所示。

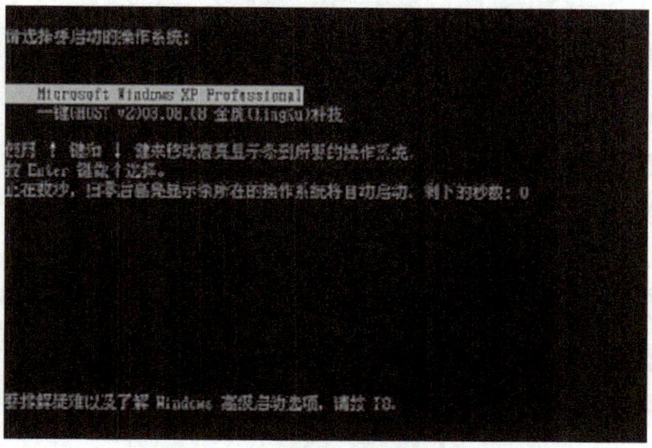

图 **4-20**　操作系统选择

⑳等待计算机启动，进入桌面，如图 4-21 所示。到此为止，系统安装成功。

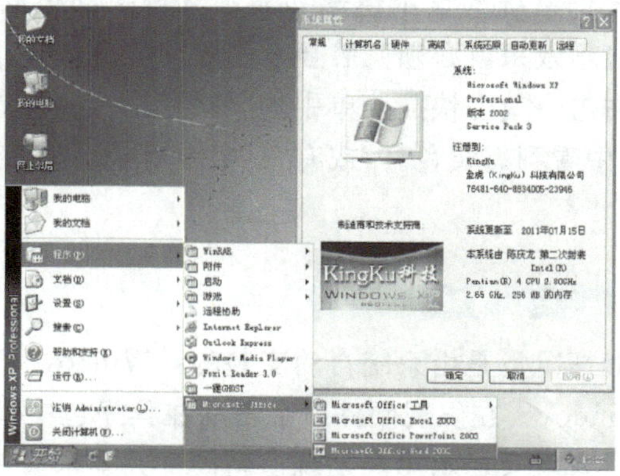

图 **4-21**　系统安装成功

技能训练

本次训练学习如何正确地安装操作系统，通过此次操作能够自己动手安装操作系统。

操作思路如下。

①在 BIOS 中设置光驱为第一启动设备，将 Windows XP 系统盘放入到光驱后，保存并退出 BIOS 设置界面，此时计算机将自动重启。

②当屏幕上出现“Press any key to boot from CD-ROM”字样时，立即按键盘上任意一个键，随后安装程序开始检测计算机硬件设备并进入 Windows XP 安装程序的启动界面。

③按照提示选择安装操作系统。

任务完成

①说出安装操作系统的准备工作。

②说出安装操作系统的安装步骤。

③在实验室计算机上安装几种不同的 Windows XP 操作系统。

任务 2 安装驱动程序

任务描述

张老师的计算机在重新安装了 Windows XP 操作系统后，显示分辨率非常低，也不能播放声音了，用替换法检测了声卡，没有问题，这是怎么回事？

任务分析

驱动程序是一种软件，它能使计算机对其内部安装的硬件进行控制和管理，以保证计算机硬件设备能够正常地运行。像张老师所遇到的问题，就是显卡和声卡的驱动程序没有安装好所造成的。

在安装计算机操作系统时，硬件设备已经连好了，但却无法正常使用，这时就需要安装驱动程序了，用户可以通过以下现象来分析什么情况下需要安装设备驱动程序。

①刚刚装完操作系统，系统的显示色彩和显示分辨率都很低，不能满足处理图形图像软件的需求，为改善显示效果就必须安装显卡的驱动程序。

②在“我的电脑”上右击→单击快捷菜单中的“属性”命令→单击“硬件”标签上的“设备管理器”按钮，在列表框中看到有黄色“?”或有“!”显示标志，就表明需要安装驱动程序或驱动程序有问题。

任务实施

设备的驱动程序一般情况下是由系统自动安装的，Windows XP 系统和现在的计算机硬件都有 PNP 功能，Windows 在发现硬件后会自动在程序包中查找它的驱动程序，如果有就会自动安装，如果没有就会提示用户发现了新硬件并要求安装其驱动程序。

可以按照下面的方法进行驱动程度安装。

方法一：第一次启动 Windows 系统时，系统会提示发现新硬件并弹出“硬件安装向导”，按照向导提示一步步完成即可。需要用到相应驱动程序时，将驱动光盘放到光驱中，并更改相应的路径，向导安装完成一般需要重新启动计算机。

方法二：在“我的电脑”中打开驱动程序光盘目录，双击运行光盘中的显卡和声卡的驱动程序，然后重新启动计算机即可。

方法三：可以使用“驱动精灵”软件检测计算机中的硬件设备，并下载相应的驱动程序进行安装。

相关知识

1. 驱动程序概述

驱动程序的英文名为“Device Driver”，全称为“设备驱动程序”，是一种可以使计算机和设备通信的特殊程序，相当于硬件的接口，操作系统只有通过这个接口，才能控制硬件设备的工作，假如某设备的驱动程序未能正确安装，便不能正常工作。因此，驱动程序被誉为“硬件的灵魂”“硬件的主宰”“硬件和系统之间的桥梁”等。

刚安装好的操作系统，很可能驱动程序安装得不完整。硬件越新，这种可能性越大。如果看到“图标很大且颜色难看”，就是没有安装好驱动程序的原因。

2. 驱动程序的作用

随着电子技术的飞速发展，计算机硬件的性能越来越强大。驱动程序是直接工作在各种硬件设备上的软件，其“驱动”这个名称也十分形象地指明了它的功能。正是通过驱动程序，各种硬件设备才能正常运行，达到既定的工作效果。

硬件如果缺少了驱动程序的“驱动”，那么本来性能非常强大的硬件就无法根据软件发出的指令进行工作，硬件就是空有一身本领却无从发挥。这时候，计算机正如“万事俱备，只欠东风”，这“东风”的角色就落在了驱动程序身上。

3. 驱动程序的分类

驱动程序可以分为官方正式版、微软 WHQL 认证版、第三方驱动程序、发烧友修改版、Beta 测试版。

(1)官方正式版

官方正式版驱动程序是指按照芯片厂商的设计研发出来的，经过反复测试、修正，最终通过官方渠道发布出来的正式版驱动程序，又名公版驱动程序。

(2)微软 WHQL 认证版

WHQL 是 Windows Hardware Quality Labs 的缩写，是微软对各硬件厂商驱动程序的一个认证，是为了测试驱动程序与操作系统的相容性及稳定性而制定的。也就是说通过了 WHQL 认证的驱动程序与 Windows 系统基本上不存在兼容性的问题。

(3)第三方驱动程序

第三方驱动程序一般是指硬件产品OEM厂商发布的基于官方驱动程序优化而成的驱动程序。第三方驱动程序拥有稳定性、兼容性好，基于官方正式版驱动优化并比官方正式版拥有更加完善的功能和更加强劲的整体性能的特性。

(4)发烧友修改版

发烧友修改版驱动程序又名改版驱动程序，是指经修改过的驱动程序。

(5)Beta测试版

Beta测试版驱动程序是指处于测试阶段，还没有正式发布的驱动程序。这样的驱动程度往往具有稳定性不够、与系统的兼容性不够等缺陷。

4. 获取驱动程序的途径

(1)使用操作系统提供的驱动程序

操作系统(如Windows XP)中已经附带了大量的通用驱动程序，能够兼容许多的设备，这样在安装系统后，往往许多硬件设备无须再单独安装驱动程序就能正常运行。

操作系统相对于硬件来说总是滞后的，硬件厂商总是通过不断地发布新版本的驱动程序用以支持新硬件或进一步提高硬件的性能。因此，一般操作系统附带的驱动程序并不能够完全支持硬件设备，表现为不能够充分发挥硬件的性能；同时操作系统附带的驱动程序也是有限的，很多时候操作系统并没有附带某些硬件的驱动程序或者不合用。最常见的就在于显卡驱动程序方面，这时就需要手动来安装驱动程序了。

(2)使用附带的驱动程序盘中提供的驱动程序

一般来说，各种硬件设备的生产厂商都会针对自己硬件设备的特点开发专门的驱动程序，并采用软盘或光盘的形式在销售硬件设备的同时一并免费提供给用户。这些由设备厂商直接开发的驱动程序都有较强的针对性，它们的性能比Windows附带的驱动程序要高一些。

(3)通过网络下载

通过前面的介绍，用户可以识别到硬件的生产厂商及型号或者芯片型号，于是用户便可以通过访问硬件生产厂商的网站下载驱动程序；或者通过访问芯片组厂商的网站下载公版驱动程序；当然还可以通过访问专业驱动程序提供站点进行下载。

5. 安装驱动程序

(1)双击可执行文件自动安装

目前的软件基本都是后缀为“exe”的可执行文件，这就使得软件程序的安装步骤越来越趋于简单化、傻瓜化，驱动程序的安装也不例外。图4-22是从nVIDIA官方网站下载的驱动程序的安装文件，这是一个后缀为“exe”的可执行文件。安装的时候首先双击它，然后一步步单击“Next”按钮直到“Finish”按钮就能够完成驱动程序的安装。

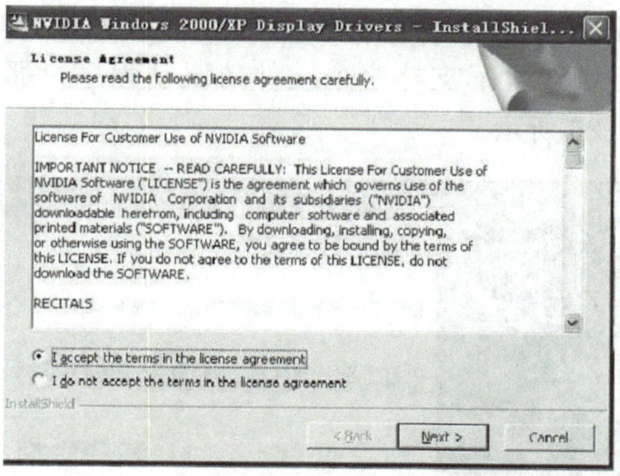

图 **4-22**　双击可执行文件安装驱动程序

(2)搜索安装

①打开设备管理器，如图 4-23 所示，发现显卡的前面有个黄色的圆圈，里面还有个“!”号，这表明显卡的驱动程序没有安装。右键单击该设备，在快捷菜单中选择“更新驱动程序”选项。

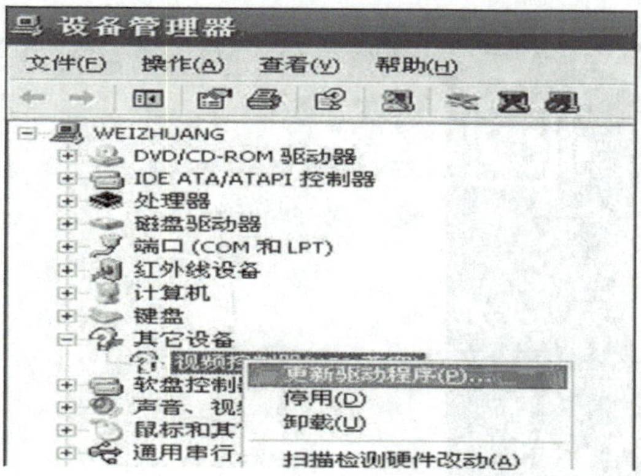

图 **4-23**　设备管理器

②在弹出的“硬件更新向导”对话框中，选择“自动安装软件(推荐)”单选项，然后单击“下一步”按钮，如图 4-24 所示。

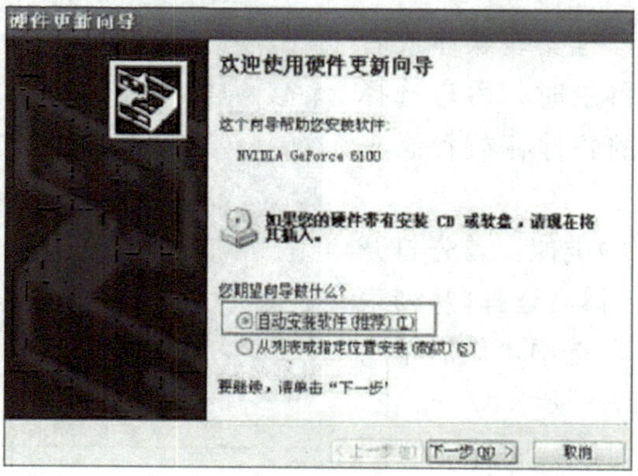

图 **4-24**　选择安装方式

③如果操作系统没有支持这个硬件的驱动程序，就无法完成驱动程序的安装，如图 4-25所示。如果操作系统包含了支持这个硬件的驱动程序，那么系统将自动为这个硬件安装驱动程序，如图 4-26 所示。

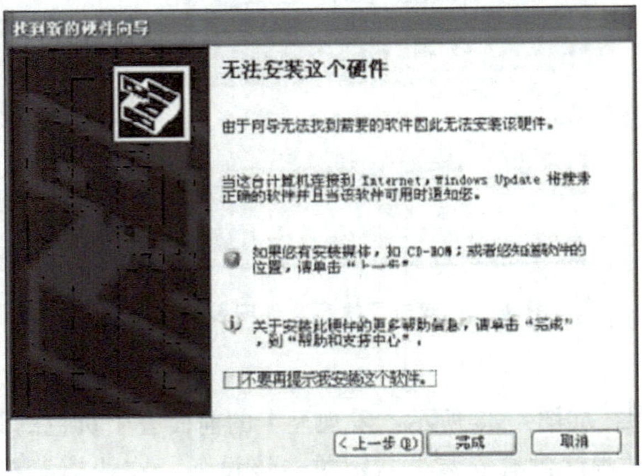

图 **4-25**　安装失败

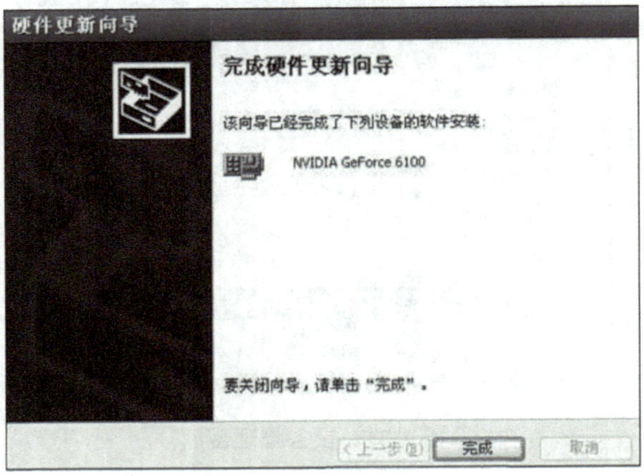

图 **4-26**　完成安装

(3)指定安装

此种方法适用于用户有安装媒体或者知道驱动程序放在哪个目录时，用户选择安装媒体或者一个具体的软件存放目录来安装。

①与本节安装方式(2)类似，首先打开"硬件更新向导"对话框，然后选择"从列表或指定位置安装(高级)"单选项，然后单击"下一步"按钮，如图 4-27 所示。

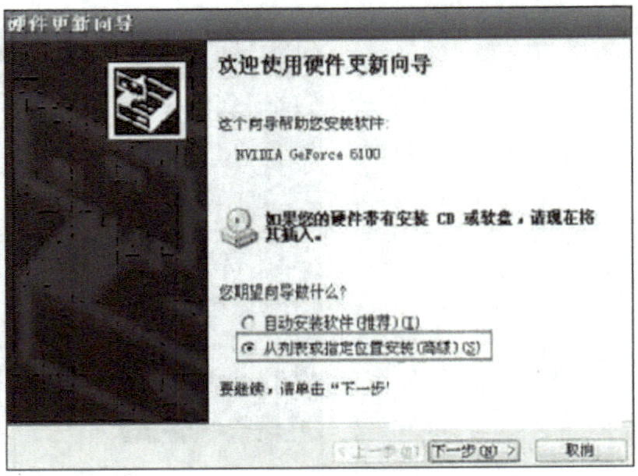

图 **4-27**　选择安装方式

②假设驱动程序放在了 CD-ROM 的光盘中和“D:\DRIVER\WINXP”这个文件夹里面，那么如图 4-28 所示，选择“搜索可移动媒体”和“在搜索中包括这个位置”复选框，然后单击“下一步”按钮。

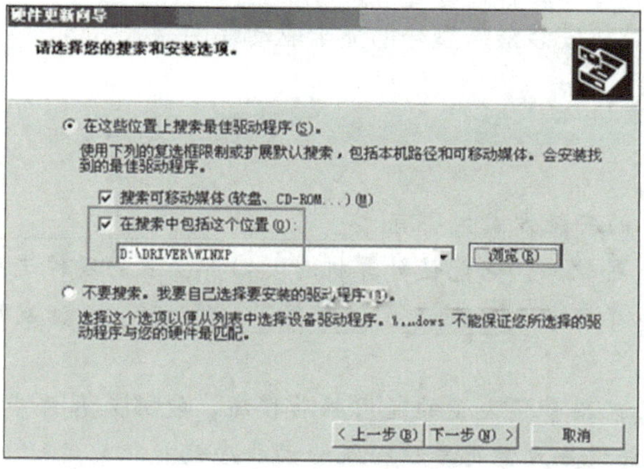

图 4-28　选择搜索位置

③操作系统将会在 CD-ROM 的光盘中和“D:\DRIVER\WINXP”文件夹中自动搜索与显卡相匹配的驱动程序。最后，如图 4-29 所示，完成显卡驱动程序的安装。

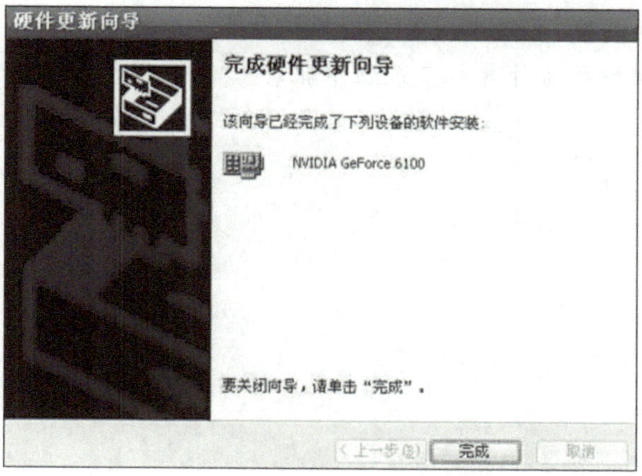

图 4-29　完成安装

技能训练

要安装驱动程序，首先要知道硬件的型号，只有这样才能“对症下药”，根据硬件的型号获取相应的驱动程序，然后进行安装。

识别硬件型号，通常有如下几种方式。

①查看硬件说明书。

②通过第三方软件检测识别。

③通过开机信息识别。

④通过芯片识别。

任务完成

①列出安装驱动程序的各种方法。

②为实验室的计算机安装最新型号的显卡驱动程序。

巩固练习

一、填空题

1. Windows XP 的安装方式主要有________、________、________。

2. ________是一种软件，它能使计算机对其内部安装的硬件进行控制和管理。

3. 驱动程序可以界定为________、________、________、发烧友修改版、Beta 测试版。

4. ________中已经附带了大量的通用驱动程序，能够兼容许多的设备，这样在安装系统后，往往许多硬件设备无需再单独安装驱动程序就能正常运行。

5. 目前的软件基本都是后缀为________的可执行文件，这就使得软件程序的安装步骤越来越趋于简单化、傻瓜化，驱动程序的安装也不例外。

二、简答题

1. 描述我们对操作系统维护的常用操作。

2. 如何使用光盘安装 Windows XP 操作系统？

3. 如何使用驱动精灵为计算机安装显卡驱动？

项目5

计算机的维护及故障处理

计算机在人们日常生活中的地位越来越重要，随着计算机使用频率的增加，计算机出问题的概率大大增大，因此，平常对计算机的维修和维护就显得非常重要了。当计算机出现故障的时候，我们需要分析出故障产生的原因，并能够做出相应的处理。

学 习 目 标

本项目主要学习计算机常见故障的诊断与处理，包括计算机的日常维护、常见故障现象与分析、还原精灵 Ghost 的应用等内容。通过本项目的学习，应掌握以下知识。

(1)计算机的日常维护与保养。

(2)计算机常见的故障现象判断及故障分析与处理。

(3)还原精灵 Ghost 的备份与还原操作。

任务1 计算机日常维护

任务描述

李明两年前组装了一台计算机，现在计算机变得非常慢，几乎都不能用了，特别是硬盘出现的响声叫人难以忍受，后来发现主板有很多电容有鼓包漏液现象，没办法只好把硬盘和主板都换了。此后一位有经验的维修人员告诉他，硬盘有可能在使用过程中移动过，主板是受潮影响的。由此可见平时计算机的维护还是非常重要的。

任务分析

在计算机的使用过程中，为了延长计算机硬件的使用寿命，学习一些简单并且常用的维护方法是很有必要的。一台计算机维护得好，它就会一直处于比较好的工作状态，可以尽量发挥它的性能；相反，一台维护不当的计算机就不会在理想的状态下工作，经常会出问题，有时还会带来无法估量的损失，因此，做好计算机的日常维护工作非常重要。

任务实施

李明的任务完成起来很简单，在平时使用计算机的过程中注意计算机维护的一些技巧即可。需要做好以下几项工作。

①计算机的日常维护；

②计算机硬件的清洁；

③计算机软件的维护。

相关知识

1. 计算机日常维护措施

在计算机投入使用后，系统的日常维护就成为关键的环节。平时多花点时间，悉心保养系统，就会使计算机能够更加稳定地运行。

(1)定期除尘

灰尘是计算机最大的敌人之一，计算机的许多部件都需要定期进行除尘工作，以免影响整机的正常工作。一般每隔1～2个月就要拆开机箱对其中的主要部件进行除尘，尤其是对主板和各个散热风扇进行重点除尘。

(2)保证散热风扇的正常工作

过多的热量也是计算机正常工作的敌人，应定期对CPU、电源等部位的散热风扇添加润滑油，防止由于散热风扇不正常工作引起CPU或电源过热，以致影响整机的正常工作。

(3)安装防病毒软件

目前病毒已经成为计算机最大的敌人之一，尤其是对于那些已经联网的计算机来说，感染病毒的可能性非常大。应在计算机上安装最新的防病毒软件，并打开病毒监测功能，同时及时升级病毒库，防止由于病毒造成数据丢失甚至是硬件损坏。

(4)保证计算机的正常供电

如果计算机长期工作在电压不稳的环境下，会对计算机的主要部件造成损坏。对于这样的用户，可以考虑配置一台UPS(不间断电源)，以便计算机在断电的时候能及时保存数据。如果计算机长时间不用，每个月最好通电一两次。

(5)计算机的工作环境

①温度条件：一般应工作在10～35℃环境下。

②湿度条件：湿度不能过高，否则容易腐蚀计算机。

③防尘：不要将计算机安置于粉尘高的环境中。另外，最好能过一段时间清理一下计算机机箱内部的灰尘。

④电源要求：保证计算机正常工作所需的稳定电源。

⑤防静电：在打开计算机机箱前，应当用手接触可以放电的物体，将本身的静电放掉。

⑥防震动和噪声：计算机不能工作在震动和噪声很大的环境。

(6)计算机的安放

①计算机主机的安放应当平稳。

②要调整好显示器的高度，保持显示器上沿与视线基本平行。

2. 计算机各部件的日常维护

(1)CPU 的日常维护

需要定期将 CPU 风扇拆卸下来进行除尘操作，同时要添加润滑剂保证 CPU 风扇的正常运转。清洁时，把 CPU 风扇拆下，先用油画笔刷一刷，然后再用洗耳球吹吹。清洁散热片时，可以用纸巾包在一根细棍上，再将细棍推进散热片的槽中，这样可以打扫得比较彻底，擦过后再用洗耳球吹吹，如图 5-1 所示。

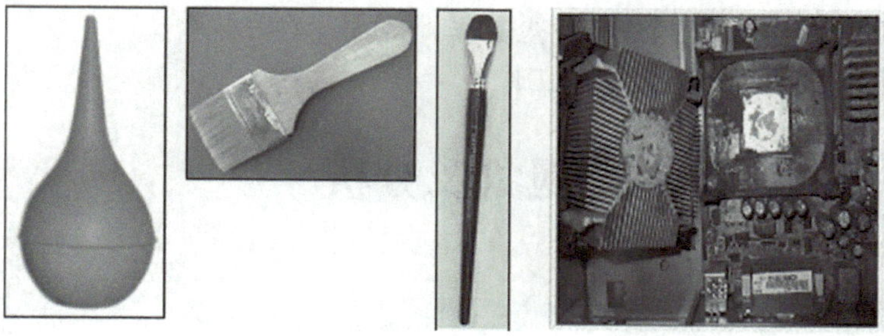

图 5-1　清洁 CPU 风扇

(2)清洁主板

清洁主板时，先用毛刷清理主板上的灰尘。如果有电吹风，可再用电吹风连主板带机箱内壁都吹吹，注意控制吹风的时间和距离。最后用洗耳球把各个插槽和没有刷干净的角落吹一吹，如图 5-2 所示。

图 5-2　清洁主板

(3)维护硬盘、光驱等

硬盘、光驱的清洁可用毛刷刷一下，至于数据线、电源线的清洁，可用纸巾或干布擦拭。

硬盘正在进行读、写操作时不可突然断电，绝对不要自行打开硬盘盖，做好硬盘的防震措施，正确拿硬盘。例如，不要磕碰硬盘，触摸电路板时先释放手上的静电。

(4)清洁电源

电源是非常容易沾上灰尘的部件。清洁时，可先从机箱上卸下电源，用毛刷刷去风扇的叶片和其他通风口的尘土，然后用电吹风对着与风扇相对的通风口吹几下。

(5)显示器的日常维护

不要经常性地开关显示器，注意防潮、防强光、防磁场干扰，保持良好的通风。

(6)键盘和鼠标的日常维护

①不要将液体洒到键盘上。

②按键要注意力度。

③不要带电插拔。除支持热插拔的USB、IEEE 1394接口外，对于插在其他接口(如显示器接口、鼠标接口、键盘接口等)上的设备，在插接时都需要在关闭计算机的情况下进行。

④避免摔碰鼠标和强力拉拽导线。

⑤点击鼠标时不要用力过度。

⑥使用光电鼠标时，要注意保持感光板的清洁，以使其处于良好的感光状态。

技能训练

两人一组对实验室内的计算机根据前面所学的知识进行一次清理。

任务完成

①对计算机内的CPU风扇进行除尘工作。

②对计算机的D盘进行磁盘清理工作。

任务2 计算机常见故障现象及分析

任务描述

李刚同学的计算机坏了，开机没有显示，但主机能发出一长两短的报警声，找维修人员一看，原来是显卡接口氧化了，接触不良，没用两分钟就修好了。虽然仅有这点小毛病，但维修的上门费就收了50元钱。李刚想了解一些常见计算机故障产生的原因、常用的诊断方法以及应对措施等知识，这样以后遇到一些简单故障自己就可以应对了。

任务分析

计算机在给我们带来方便的同时，也带来了不少烦恼。例如，死机、重启、黑屏等一些计算机故障，就经常困扰着不少人。当计算机出了故障时，很多人只能将自己的计算机送去维修，费时费力不说，还得付上高额的维修费。而实际上，许多故障往往很容易处理，不需要任何专业工具，自己动手也就是几分钟的事情。

任务实施

对于李刚的计算机故障，在任务描述中已作了简单的介绍，具体操作过程如下。

①先由计算机发出的声音判断故障点(本次任务中显卡接触不良)。

②关掉主机电源，打开机箱，处理故障(将显卡拆下来，用橡皮或清洁剂将显卡引脚擦拭干净)。

③重新安装好相应的板卡。

④加电重启计算机，故障现象消失。

相关知识

1. 计算机常见故障概述

计算机故障总体上来说可分为硬件故障、软件故障、病毒破坏和人为故障四大类。

(1)硬件故障

硬件故障是指计算机中的电子元件损坏或外部设备的电子元件损坏而引起的故障。硬件故障又可分为元器件故障、机械故障、介质故障等。

(2)软件故障

软件故障又可分为系统故障和程序故障等。

①系统故障。系统故障通常是由系统软件被破坏、硬件驱动程序安装不当或软件程序中有关文件丢失造成的。如未安装驱动程序或驱动程序之间产生冲突均有可能导致系统运行不正常。

②程序故障。对于应用程序出现的故障，主要反映在应用程序无法正常使用。需要检查程序本身是否有错误(这要靠提示信息来判断)，程序的安装方法是否正确，计算机的配置是否符合该应用程序的要求，是否因操作不当引起，计算机中是否安装有相互冲突的其他软件等。

(3)病毒破坏

计算机感染病毒之后，不但影响应用程序和操作系统软件，还影响硬件正常工作。轻则使运行速度缓慢，重则破坏文件或造成死机，甚至造成硬件的损坏。因此必须对计算机病毒进行预防和解毒。

①硬件方面。计算机病毒影响硬件一般有如下表现：开机无故黑屏；无法找到外部设备；无法找到硬盘；计算机发出异常声响；无法启动硬盘；无法引导或引导死机等。

②软件方面。计算机病毒影响软件一般有如下表现：计算机处理速度变慢；操作系统启动时间变长；系统文件无故丢失；生成一些特殊文件；设备丢失或不能正常工作；计算机容易死机或重启；运行程序出现非法错误或无法正常运行等。

(4)人为故障

由于用户对计算机知识不了解而导致的错误操作往往也容易造成计算机故障，具体体现在以下几个方面。

①错误操作。在通电情况下，随意拔插板卡或集成块芯片造成人为损坏，硬盘运行的时候突然关闭电源或搬动主机箱，容易使硬盘磁头碰击盘面而造成磁道的损坏。

②安装错误。电源插头插反或位置插错，各种电缆线、信号线接错或接反。一般情况下这类错误除电源插头接错或接反可能造成器件损坏外，其他错误只要更正插接方向即可。

③使用不当。常见的有写保护错、读写数据错、设备(如打印机)未准备好和磁盘文件未找到等。错删、错改系统文件将导致系统无法启动或无法运行。

2. 硬件故障的查找方法

计算机出现故障后，要先查出问题的根源，计算机故障的诊断原则是先静后动、先软后硬、先外后内。所谓“先静后动”，即检修前先要向使用者了解情况，分析问题可能在哪里，再依据现象直观检查，最后才能采取技术手段进行诊断。所谓“先软后硬”，就是计算机出故障以后应先从软件上、操作系统上来分析原因，看看是否能找到解决办法。软件确实解决不了的问题，再从硬件上逐步分析故障原因。“先外后内”就是首先检查计算机外部电源、设备、线路，如插头接触是否良好、机械是否损坏，然后再打开机箱检查内部。

常用的硬件故障查找方法有以下几种。

(1)清洁法

对使用环境较差，或使用较长时间的计算机，应首先进行清洁。可用毛刷等清洁工具轻轻刷去主板、外部设备上的灰尘，因为灰尘容易导致接触不良而影响正常工作。另外，板卡上一些插卡或芯片采用插脚形式，由于震动和工作环境等原因，常会造成引脚氧化、接触不良，可用橡皮擦擦去表面氧化层，重新插接好后开机检查故障是否排除。

(2)拔插法

拔插法是通过将部件“拔出”或“插入”来检查故障。拔插法是一种有效的检查方法，最适于诊断计算机死机及无任何显示的故障。将故障系统中的部件逐一拔出，每拔出一个部件，测试一次计算机当前状态，一旦拔出某部件后，计算机能处于正常工作状态，那么故障原因就在该部件上。

(3)替换法

替换法就是用相同或相似、性能良好的插卡、部件、器件进行交换，观察故障的变化，如果故障消失，说明换下来的部件是坏的。交换可以是部件级的，也可以是芯片级的，如两台显示器的交换、两台打印机的交换、两块插卡的交换、两条内存的交换等。交换法是常用的一种简单、快捷的维修方法。

(4)观察法

一看、二听、三闻、四摸。

(5)敲击法

用手指或螺丝刀轻轻敲击机箱外壳，有可能解决因接触不良或虚焊造成的故障问题，然后可进一步检查故障点的位置。

(6)软件诊断法

软件诊断法是计算机维修中使用较多的一种维修方法，因为很多计算机故障实际上是软件问题，即所谓的“软故障”，特别是病毒引起的问题，更需依靠软件手段解决。软件诊断法常用在开机自检、系统设置、硬件检测、硬盘维护等方面。但是计算机应能基本运行，才能使用软件法。

(7)升温/降温法

可以检验计算机各部件(尤其是 CPU)的耐高温情况，从而及早发现事故隐患。此法对于部件性能变差而引起的故障很适用。逐个加温即可发现是哪个部件发生故障，但一般不要超过 70℃，若温度过高，会损坏部件。人为降低计算机的运行温度，如果计算机的故障出现率大大减少，则说明故障出在高温或不能耐高温的部件中。使用该方法可以缩小故障诊断范围。

3. 利用 BIOS 报警声诊断计算机故障

(1)Award BIOS 报警声与故障

①1 短：系统正常启动。

②2 短：BIOS 设置错误。

③1 长 1 短：内存或主板出错。

④1 长 2 短：显示器或显卡错误。

⑤1 长 3 短：键盘控制器错误。

⑥1 长 9 短：主板 BIOS 芯片损坏。

⑦不断地响(长声)：内存故障。

⑧重复短响：电源问题。

⑨无声音无显示：电源、CPU 或主板等问题。

(2)AMI BIOS 报警声与故障

①1 短：内存刷新失败。

②2 短：内存 ECC 校验错误。

③3 短：基本内存(第 1 个 64KB)检查失败。

④4 短：系统时钟出错。

⑤5 短：CPU 错误。

⑥6 短：键盘控制器错误。

⑦7 短：系统实模式错误，不能切换到保护模式。

⑧8 短：显示内存错误(显卡内存可能坏了)。

⑨9 短：ROM BIOS 检验错误。

⑩1 长 3 短：内存错误。

⑪1 长 8 短：显示测试错误。

4. 计算机常见故障现象及处理

计算机在使用一段时间之后或多或少都会出现一些故障，下面总结了计算机使用和维护中遇到的故障及简单的排除方法。只要根据这些故障处理方法，用户就可以对简单的计算机故障进行处理。

(1)电源类故障

计算机中的电源设备为整个计算机硬件系统提供稳定可靠的电力供应，是计算机中最重要的组件之一。在计算机的使用过程中，经常会碰到与计算机电源有关的故障，下面的例子就是在维修中碰到的计算机电源故障。

【故障现象 1】有一台 Pentium 4 计算机，在开机运行一段时间后，会突然重启，而且开机时间长了以后，其重启的时间间隔越来越短。

【故障分析】开机运行一段时间重启的现象在计算机运行过程中比较常见，原因之一可能是被病毒感染，用杀毒软件扫描未发现病毒，但也不排除感染病毒的可能性。可采用下面两种方法：一是在安全模式下进行检测；二是重新做一遍系统。故障依旧，说明还可能有其他原因。可能与计算机电源有关，开机时间长频繁启动可能与电源温度升高导致的不稳定有关。另外这个故障也可能是电源供电不足导致的。

【故障处理】在上述推测后，更换一块同样规格的电源，然后开机，经长时间运行测试，没有再出现上述故障，至此故障得到圆满解决。

【故障现象 2】一台计算机，按下机箱电源开关后，系统启动并开始自检，但几秒钟后便自动关机。重启多次情况一样。

【分析处理】首先将机箱内外的电源插头重新插了一遍，确保接触良好后开机，故障依旧。怀疑是电源有问题，更换为一个同型号电源，故障依旧。经过仔细检查，发现拔下机箱电源开关与主板的连接线，通过短接主板跳线的方法启动计算机，系统工作正常，确定为机箱电源开关的问题。将机箱上的电源开关卸下检查，发现电源按键的弹簧失灵，按下后不能复位，故相当于在正常开机后按住电源按键，延时数秒后便关机。更换开关后，故障排除。

(2)CPU 类故障

【故障现象 1】计算机的 CPU 温度总是偏高，虽然没有达到报警的程度，但感觉对系统和硬件本身总是会有影响。如何有效降低 CPU 的工作温度?

【分析处理】

①清除 CPU 散热风扇和散热片上的灰尘。过多的灰尘不但影响散热效果，还会导致风扇转速降低。

②在 CPU 表面和散热片之间涂一些硅脂，提高热量传递的效率。

③使用一些 CPU 降温软件，此类软件能够在 CPU 空闲时自动发出休眠指令，让 CPU 暂时停止工作，以达到降温的目的。

【故障现象 2】组装一台新计算机，CPU 是 Pentium 4 并配有专用电源。组装好后不能启动，电源和 CPU 的散热风扇都正常转动，但系统无任何响应。

【分析处理】Pentium 4 CPU 比前几代产品性能提高不少，但功耗也增长很多，通过主板向其供电远远不能满足需要，要直接从电源取电。Pentium 4 专用电源提供了一根专门用于向 CPU 供电的电缆，组装时需要将其插到 CPU 附近的主板插头上，仅连接电源和主板的电源线是不够的。

(3)主板类故障

【故障现象】系统工作正常，因故卸下主板，重新安装后开机无任何响应，电源指示灯不亮。

【分析处理】首先检查电源，更换后故障依旧，怀疑主板故障。仔细检查主板，发现整体轻微弯曲，推断为安装不合理导致主板线路接触不良。卸下主板，重新安装，各螺钉均匀固定，开机后正常启动。

(4)内存类故障

【故障现象1】一台计算机长期闲置后开机，系统鸣笛报警，无法启动。

【分析处理】根据报警声音分析，是内存故障。关闭电源、拔下插头后打开机箱，取下内存检查，发现内存的金手指上存在很多锈迹，推断是金属氧化导致接触不良。使用橡皮仔细清理金手指，并将内存插槽上的灰尘小心清除，将内存插回，开机，故障解决。

【故障现象2】添加一条内存后，开机报警，系统无法启动。

【分析处理】根据报警声音判断是内存故障，打开机箱检查，发现内存条未完全插入插槽，有一边的锁扣没有扣到位置。均匀用力将内存正确插入插槽，接好电源后开机，自检正常。

(5)硬盘类故障

【故障现象1】系统经常不能识别出硬盘。

【分析处理】系统不能正确识别硬盘，通常是硬盘本身、主板、电源、BIOS设置这几个方面的问题。通过替换法反复检查后，一一排除了各部分的问题。仔细查看时发现，硬盘数据线的很多地方扭曲、捆扎得十分混乱，怀疑是数据线内部有断路或者接触不良。更换数据线后，故障排除。

【故障现象2】硬盘实际容量为80GB，可在Windows操作系统中发现硬盘容量只有20GB。

【分析处理】重启计算机，进入BIOS设置程序，通过自动检查功能查看硬盘属性，发现能够正确识别硬盘的容量。通过软盘启动到DOS环境，运行Fdisk程序，发现硬盘分区只使用了一部分空间，其他空间根本没有分区。在剩余空间上继续分区，重启进入Windows环境，格式化后硬盘可以正常使用。

(6)光驱类故障

【故障现象】一台组装计算机，安装系统时设置为从光盘启动，放入了能够启动系统的安装盘，可启动时根本没有检测光驱，直接从硬盘启动。

【分析处理】开机检查，发现光驱的数据线接反，正确接上后，故障消失。

技能训练

仅将电源、主板、CPU、内存、显卡、显示器和PC喇叭正常连接，使显示器能正常点亮。然后再保证其他配件正常连接的情况下，依次拆掉显卡、内存、CPU，分别记录PC喇叭的报警声，并观察发生的故障现象。

任务完成

①根据前面所讲的知识处理一台发出长声警报的计算机，从而熟悉处理计算机硬件故障的方法。

②根据前面所讲的知识处理一台反复重启的计算机，从而熟悉处理计算机硬件故障的方法。

任务3 还原精灵 Ghost 的应用

任务描述

王刚使用计算机有两年了，在使用过程中有时因操作不当或计算机病毒的破坏，会出现操作系统不能正常运行的状况。他常用的方法就是重新安装操作系统，但是这样做耗费时间太长了，最近他听说在系统出现问题时可以利用备份还原的方法来恢复系统。他很想了解一下这方面的知识，以便自己能够更好地维护计算机。

任务分析

对于常常使用计算机的人来说，在系统出问题时重新安装操作系统是非常自然的。常规安装 Windows 系统需要大约 1 小时的时间，还需要安装各类应用软件，这是一个比较烦琐的过程。如果掌握了一些快捷的系统备份和还原的方法，在计算机出现问题时就可以快速地恢复正常。

Ghost 软件是一个硬盘复制程序，它能够直接将安装了操作系统的硬盘分区复制为一个磁盘镜像文件，而且也可以在 DOS 环境下运行，这样可以保证还原操作系统可以在任何情况下进行，避免了安装操作系统烦琐的过程。

任务实施

王刚的任务完成起来很简单，将安装好的系统做一个备份即可，操作步骤如下。

①用带有 DOS 系统和 Ghost 软件的光盘引导计算机。

②在 DOS 环境下运行 Ghost 软件。

③顺次选择“Local→Partition→To Image”，然后按 Enter 键。“To Image”选项表示将一个或多个分区的内容复制到一个镜像文件中。

④退出 Ghost，备份结束。

需要还原时顺次选择“Local→Partition→From Image”，选中以前备份的镜像文件即可。

相关知识

1. Ghost 软件简介

Ghost 软件是美国赛门铁克公司推出的一款出色的硬盘备份还原工具，可以实现多种硬盘分区格式的分区及硬盘的备份还原。

Ghost 的备份还原是以硬盘的扇区为单位进行的，也就是说可以将一个硬盘上的物理信息完整复制，而不仅仅是数据的简单复制。在操作时一定要小心，不要把目标盘（分区）弄错了，否则会将目标盘（分区）的数据全部抹掉。

新版本的 Ghost 包括 DOS 版本和 Windows 版本，DOS 版本只能在 DOS 环境中运行，Windows 版本只能在 Windows 环境中运行。由于 DOS 的高稳定性，且在 DOS 环境中备份 Windows 操作系统，已经脱离了 Windows 环境，建议备份 Windows 操作系统时，使用 DOS 版本的 Ghost 软件。

2. Ghost 软件的使用

(1)制作主分区镜像

①运行 Norton Ghost，进入主菜单，选择“Local→Partition→To Image”命令，如图 5-3 所示。

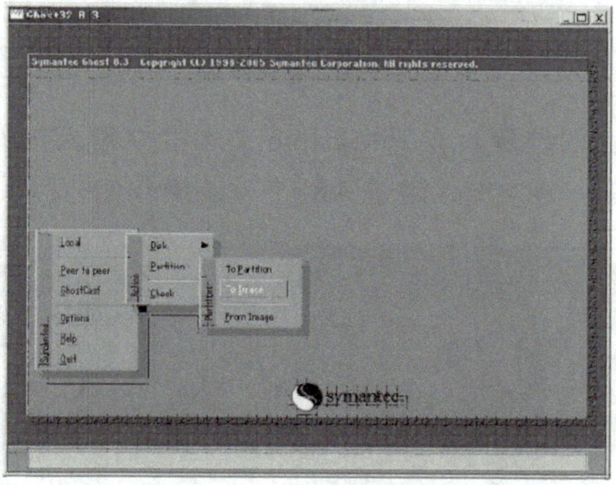

图 5-3　选择备份命令

②进入硬盘选择界面，选择分区所在的硬盘“1”，如图 5-4 所示。如果只有一块硬盘，可以直接按 Enter 键。

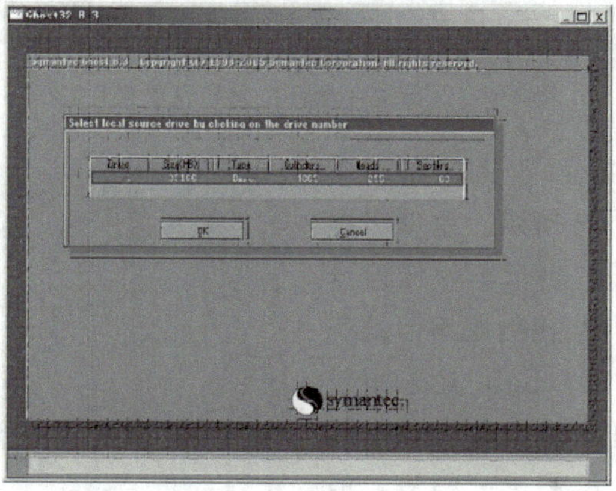

图 5-4　选择硬盘

③选择要制作镜像文件的分区(即源分区)，这里用上下光标键选择分区“1”(即 C 分区)，如图 5-5 所示。按 Tab 键切换到“OK”按钮，再按 Enter 键。

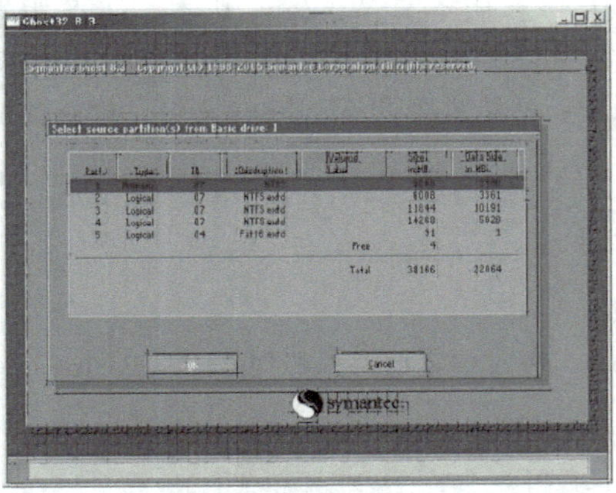

图 5-5　选择分区

④选择镜像文件保存的位置，在 File name 文本框中输入镜像文件的名称，如图 5-6 所示。切换到“Save”按钮，按 Enter 键进入到下一步操作。

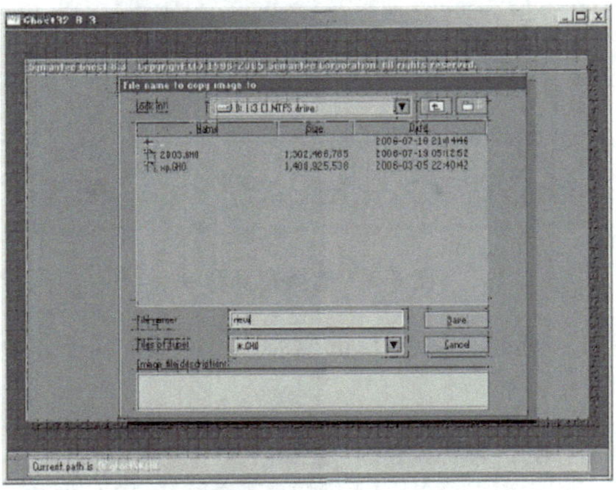

图 5-6　选择文件保存位置和设置文件名

⑤接下来 Norton Ghost 会询问是否需要压缩镜像文件，如图 5-7 所示。这里只能用左右光标键选择，“No”表示不做任何压缩；“Fast”的意思是进行小比例压缩但是备份工作的执行速度较快；“High”是采用较高的压缩比但是备份速度相对较慢。一般都是选择“High”选项，虽然速度稍慢，但镜像文件所占用的硬盘空间会大大降低。

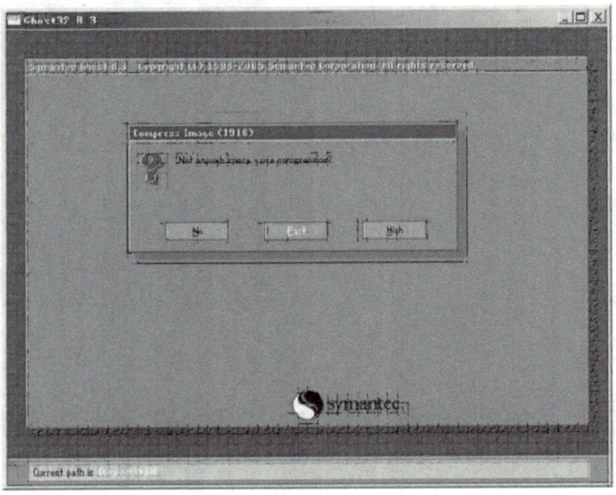

图 5-7　备份文件的压缩选项

⑥这一切准备工作做完后，Norton Ghost 接着询问是否进行备份操作，如图 5-8所示。当然选“Yes”选项，按 Enter

键后，就开始制作镜像文件了。备份速度与 CPU 主频和内容容量有很大的关系，一般来说 10 分钟以内都可以完成。

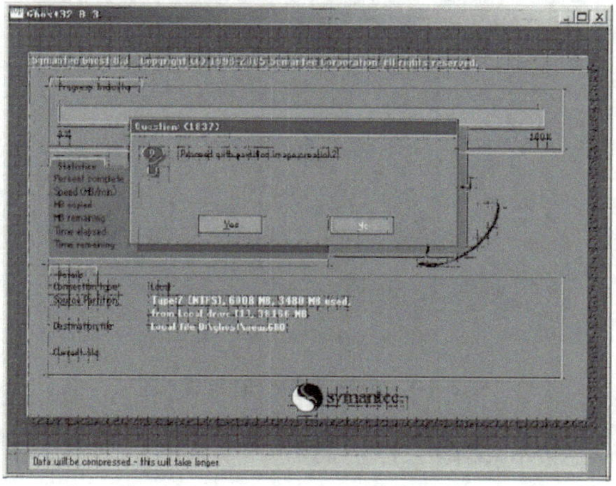

图 5-8　确认是否进行备份操作

⑦等进度条走到 100%，就表示备份制作完毕了，可以直接按机箱的重启按钮或“Ctrl+Alt+Del”组合键重启计算机，而不用退出 Ghost 或 DOS 系统。

通过上面的工作，我们已经制作了一个 C 盘的备份，在系统出现不能解决的问题时，就可以轻轻松松地来恢复系统了。

(2)恢复主分区镜像

①运行 Norton Ghost，在主菜单中选择“Local→Partition→From Image”命令(注意这次是“From Image”命令)，如图 5-9 所示。

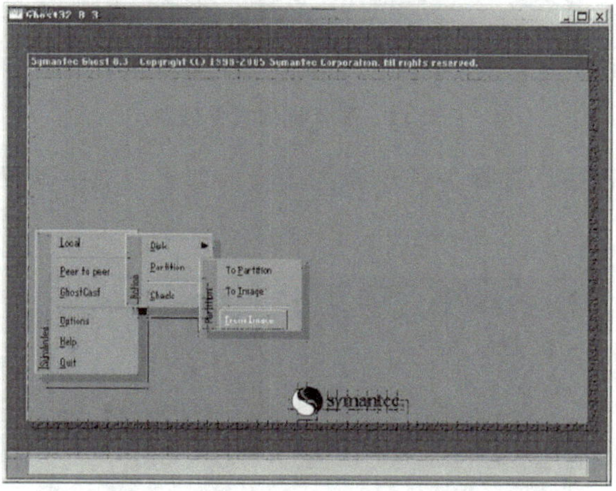

图 5-9　选择还原命令

②选择镜像文件保存的位置，选择备份好的源文件，也就是“ *.gho”的文件，并按 Enter 键，如图 5-10 所示。

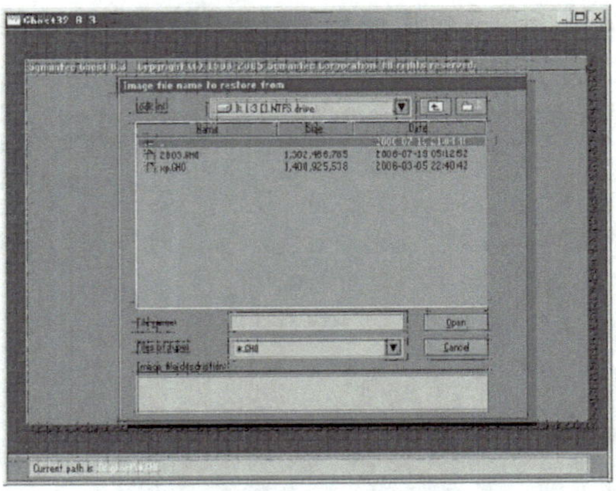

图 5-10　选择已备份的镜像文件

③此时进入图 5-11 所示的镜像文件信息界面，显示所选的源文件是一个主分区的镜像文件，直接按 Enter 键即可。

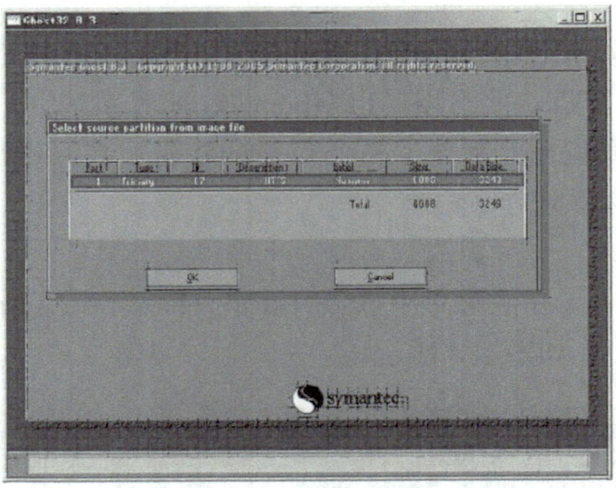

图 5-11　显示镜像文件信息

④在图 5-12 的界面中，选择进行还原的硬盘。如果只有一块硬盘，直接按 Enter 键即可。

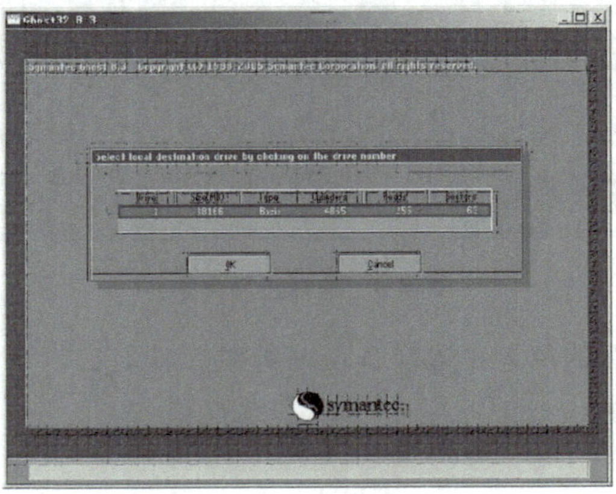

图 5-12　选择进行还原的硬盘

⑤在图 5-13 的界面中，选择要还原的磁盘分区。我们一般只对 C 盘操作，所以选择 Primary，也就是主分区 C 盘。

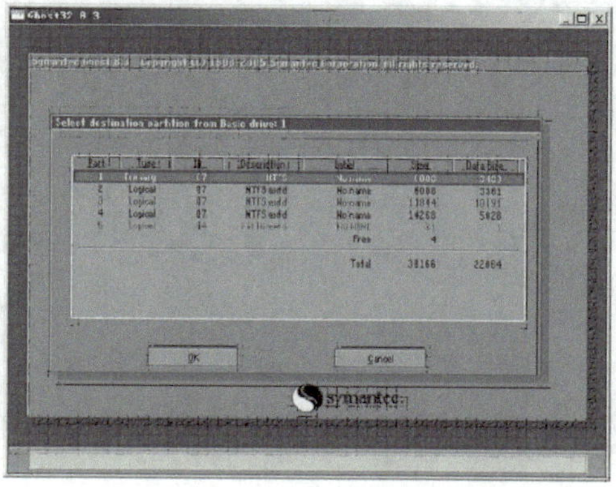

图 5-13　选择要还原的磁盘分区

⑥询问是否开始还原操作，选择“Yes”开始还原，如图 5-14 所示。

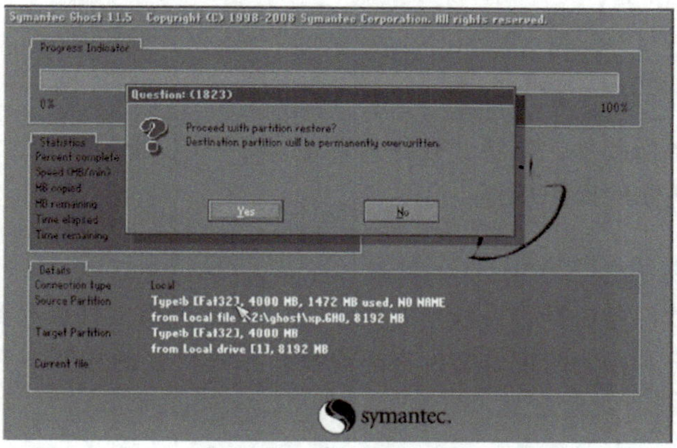

图 5-14　是否继续提示框

⑦还原进行中，如图 5-15 所示。

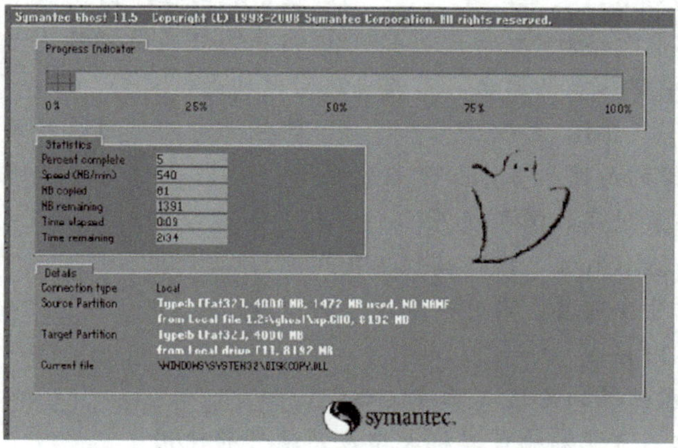

图 5-15　正在进行的还原操作

⑧还原完成，提示重启，如图 5-16 所示。

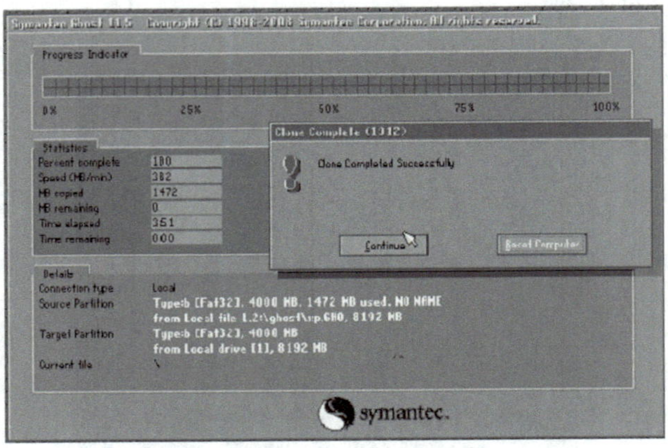

图 **5-16**　还原操作完成提示框

现在很多系统都自带有一键备份、一键还原功能，大大地简化了整个备份、还原的过程。但有时候系统崩溃后无法使用其自带的还原功能，只有按照上述的 Ghost 和 PE 配合来进行还原。

技能训练

①运行 Ghost 备份软件，熟悉此软件的环境。

②熟悉备份与还原的操作步骤。

任务完成

①使用 Ghost 软件备份操作系统所在的 C 盘，并将镜像文件保存到 D 盘。

②利用前面备份所存储的镜像文件来还原操作系统所在的分区。

巩固练习

一、选择题(请选择一个或多个选项)

1. 如果一开机显示器就黑屏，故障原因可能是(　　)。

   A. 显卡没插好　　B. 显示驱动程序错

   C. 显示器坏或没接好　　D. 内存条坏或没插好

2. 计算机运行中突然重新启动，可能出现问题的是(　　)。

   A. CPU　　B. 主板　　C. 软件　　D. 显示器

3. 引起内存故障的原因很多，如可能发生(　　)。

   A. 内存条温度过高，爆裂烧毁

   B. 内存条安插不到位，接口接触不良

   C. 使用环境过度潮湿，内存条金属引脚锈蚀

   D. 静电损坏内存条

4. 下面有关硬盘故障的论述，正确的是(　　)。

   A. 硬盘故障不可能影响计算机大型应用软件的使用

B. 硬盘故障会使计算机无法正常启动

C. 硬盘故障会使计算机找不到引导盘

D. 硬盘故障会使计算机的数据或文件丢失

5. 计算机正常使用过程中，出现死机现象，不可能的原因是(　　)。

A. 声卡损坏　　　　　　　　　B. 存储器没有安装或检测不到硬件

C. CPU温度过高，散热器工作不良　D. 检测不到显示器或显卡损坏

6. 计算机运行一切正常，但是某一应用软件(如3DS MAX)打不开，或不能使用，引发该故障的原因可能是(　　)。

A. 软件被破坏　　　　　　　　B. 感染病毒

C. 操作系统有故障　　　　　　D. 系统资源严重不足

7. 计算机组装完成，加电开机后发现系统时间不对，经调试关机后重启还是不对，最可能的原因是(　　)。

A. 系统不正常　　　　　　　　B. 内存故障

C. CPU工作不良　　　　　　　D. 主板CMOS的电池失效

8. 引起硬盘故障的原因有很多，可能发生故障的原因有(　　)。

A. 硬盘磁介质损坏，磁道受损　B. 硬盘主从跳线设置错误

C. 温度过高使内部磁盘爆裂　　D. 硬盘排线与主板插座接触不良

9. 计算机出现死机故障，引发该故障的原因可能是(　　)。

A. 计算机感染病毒　　　　　　B. 鼠标没有安装

C. 内存发生故障　　　　　　　D. CPU散热器损坏

10. 下面有关内存故障的论述，正确的有(　　)。

A. 内存故障基本不影响计算机的正常工作

B. 内存故障会使计算机无法启动并不断报警

C. 内存故障会使计算机在启动过程中死机

D. 内存故障会使计算机启动后，屏幕出现乱码或花屏

二、填空题

1. 计算机故障一般可分为软件故障和硬件故障，在实际排除时，应先排除______________，再排除____________。

2. 在故障排除过程中，经常需要插拔一些部件，每次插拔都应该在____________的情况下进行。

3. 诊断计算机系统故障的常用方法主要有____________、____________、拔插法、替换法、最小系统法和软件诊断法等。

4. 拔插法是确定故障的简捷方法，即关机后将插件板卡逐块拔出，每拔出一块板卡就开机观察运行状态，一旦拔出某块板卡后故障消失，那么就说明____________有故障。

三、简答题

1. 简述计算机故障处理应遵循的基本原则。

2. 简述计算机硬件故障诊断和处理的一般原则。

3. 简述计算机软件故障的特点。

项目 6

计算机的组网设备

随着计算机网络的发展和宽带接入技术的普及，计算机网络已经渗透到普通百姓的日常工作和生活之中，计算机网络的基础知识不仅在工作中必备，同时也将成为休闲娱乐的需要。本项目通过具体应用来介绍计算机网络设备的功能、选购及常见网络故障诊断。

学习目标

本项目主要学习计算机网络设备的管理与维护常识，包括常见网络设备的介绍，网络故障的诊断方法和网络故障的排除。通过本项目的学习，应掌握以下知识。

(1)常见网络设备的类型、外观及作用。

(2)简单网络故障的分析、诊断与处理。

任务 1 认识常用网络设备

任务描述

王明职专毕业后到一家公司工作，公司让他购买一些组建内部网络的设备。由于以前没有经验，他想了解一下组建网络需要哪些设备及相应的选购知识。

任务分析

购买网络设备需要有相关的知识，包括理解什么是计算机网络、网络硬件设备的组成，以及如何选购网络设备等。

任务实施

①列出一份构建公司内部网络的设备列表，包括设备名称、型号、规格、厂家、数量、单价及总价等内容，要把组建网络中设备、耗材、工具等都考虑在内。

②找到相应的设备说明，了解这些设备的选购知识。

③到商店对比选购，完成任务。

相关知识

1. 计算机网络的概念及分类

(1)计算机网络的概念

计算机网络是把分布在不同地点，并具有独立功能的多个计算机系统通过通信设备和线路连接起来，在功能完善的网络软件和协议的管理下，以实现网络中资源共享为目标的系统。

如现在有一个部门，有 10 台计算机，但只有一台打印机，在未联网之前，要使用打印机打印一个文件，只能把这个文件复制到 U 盘，通过 U 盘在连接打印机的计算机上打印。联网后，可将打印机共享，那么在任何一台计算机上均可打印。

(2)计算机网络的分类

根据网络连接的地理范围，可将计算机网络分成局域网、城域网、广域网三种类型。

①局域网(Local Area Network，LAN)。局域网的作用范围是几百米到几千米，通常用于组建企业网和校园网，并分为局部区域网和高速区域网。

②城域网(Metropolitan Area Network，MAN)。城域网是局域网的延伸，用于局域网之间的连接，网络规模局限在一座城市范围内，覆盖的地理范围从几十千米至几百千米。

③广域网(Wide Area Network，WAN)。广域网又称远程网，是指在一个很大的地理范围内(从数百千米到数千千米，甚至上万千米)由许多局域网组成的网络，主要用在一个地区、行业甚至在全国范围内组网，达到资源共享的目的。

2. 计算机网络设备

计算机网络设备主要包括传输介质、连接器件和互连设备。

(1)传输介质

传输介质又可分为有线传输介质和无线传输介质两种。

①有线传输介质是指在两个通信设备之间实现的物理连接部分，主要有双绞线、同轴电缆和光纤，在其中传输的是电磁波信号或光波。这里主要介绍一下双绞线。

双绞线的外形如图 6-1 所示，其横截面如图 6-2 所示。

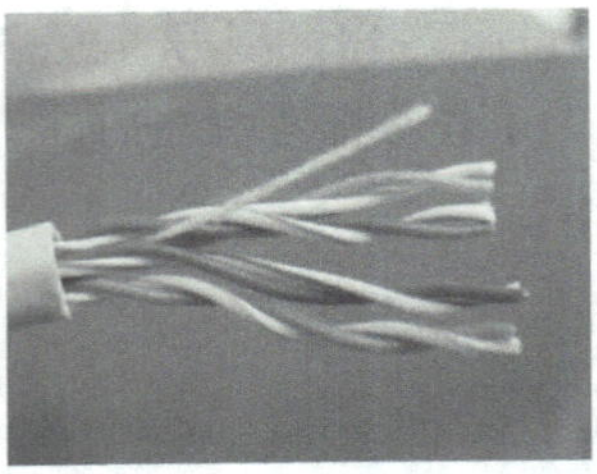

图 6-1　双绞线

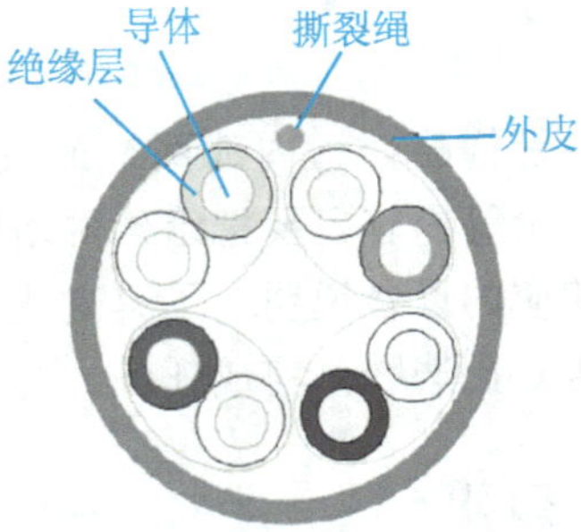

图 6-2　双绞线横截面

按结构分类，双绞线可分为非屏蔽双绞线和屏蔽双绞线两类。非屏蔽双绞线没有用来屏蔽双绞线的金属屏蔽层，它在绝缘套管中封装了一对或一对以上的双绞线，每对双绞线按一定密度互相绞在一起，提高了抗系统本身电子噪声和电磁干扰的能力，但不能防止周围的电子干扰。屏蔽双绞线的外层由铝箔包裹，可以减小辐射。

按性能指标分类，双绞线可分为 1 类、2 类、3 类、4 类、5 类、5e 类、6 类、7 类双绞线。

按双绞线对数多少进行分类，有 1 对、2 对、4 对的小对数双绞线和 25 对、50 对、100 对的大对数双绞线。在计算机网络中最常用的是 4 对双绞线。

②无线传输介质是指在两个通信设备之间不使用任何人为的物理连接，而是通过利用自然的空气、水、玻璃等透明的物体甚至只有空间，而传输的一种技术。如传输微波、红外线和激光等光波或电磁波信号。

(2)连接器件

①双绞线连接器件：RJ-45 连接器(俗称水晶头)，其正面和侧面外形分别如图 6-3、图 6-4 所示。

图 6-3　RJ-45 水晶头(正面)

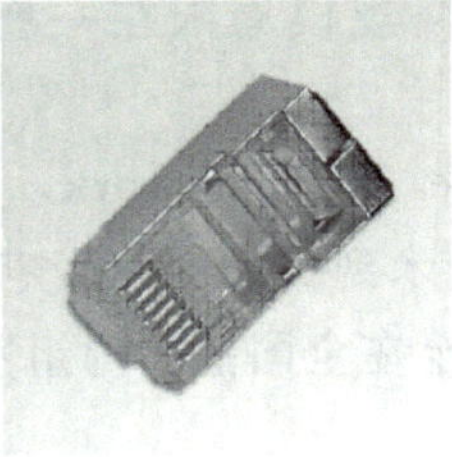

图 6-4　RJ-45 水晶头(侧面)

②同轴电缆连接器件：BNC 连接器。

③光纤连接器件：光纤接口、光纤多用面板。光纤接口有 SC 卡式(图 6-5)和 FC 圆形(图 6-6)等几种。

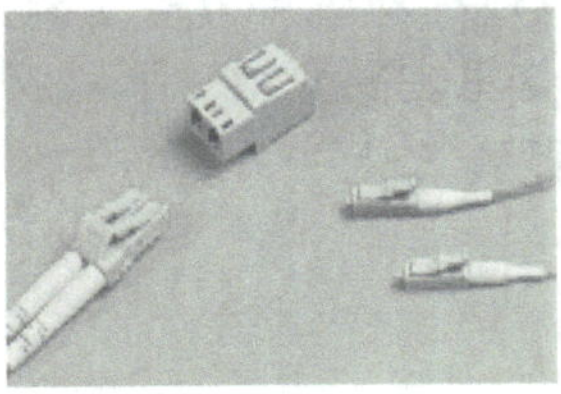

图 6-5　SC 卡式接口

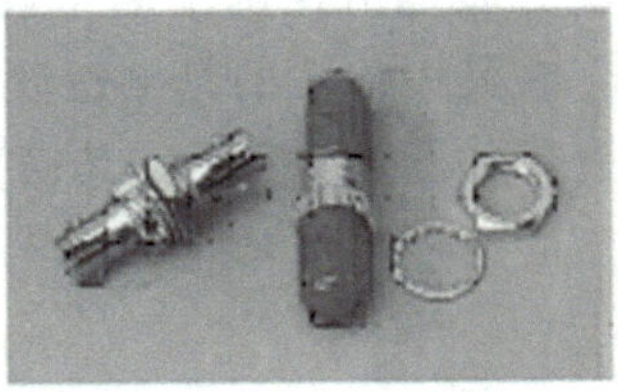

图 6-6　FC 圆形接口

(3)互连设备

常见的网络互连设备有网卡、集线器、交换机和路由器。

①网卡。计算机与外界局域网的连接是通过在主机箱内插入一块网络接口板(或者是在笔记本电脑中插入一块 PCMCIA 卡)。网络接口板又称为网络适配器(Network Adapter)或网络接口卡(Network Interface Card, NIC),也简称为网卡,如图 6-7所示。

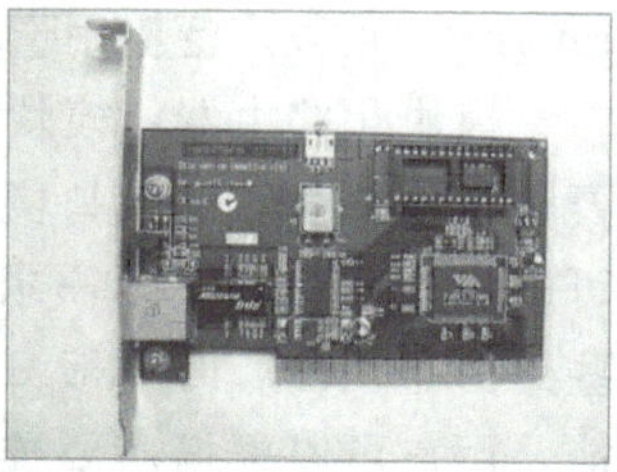

图 6-7 网卡

②集线器。集线器的英文名称为“Hub”。“Hub”是“中心”的意思,集线器的主要功能是对接收到的信号进行再生整形放大,以扩大网络的传输距离,同时把所有节点集中在以它为中心的节点上。集线器如图 6-8 所示,它工作于 OSI(开放式系统互联)参考模型第一层,即“物理层”。集线器与网卡、网线等传输介质一样,属于局域网中的基础设备,采用 CSMA/CD(一种检测协议)介质访问控制机制。

图 6-8 集线器

③交换机。交换机(英文 Switch,意为“开关”)是一种用于电信号转发的网络设备,如图 6-9 所示。它可以为接入交换机的任意两个网络节点提供独享的电信号通路。二层交换机属数据链路层设备,可以识别数据包中的 MAC 地址信息,根据 MAC 地址进行转发,并将这些 MAC 地址与对应的端口记录在自己内部的一个地址表中。最常见的交换机是以太网交换机,其他常见的还有电话语音交换机、光纤交换机等。

图 6-9 交换机

④路由器。路由器是连接因特网中各局域网、广域网的设备,它会根据信道的情况自动选择和设定路由,以最佳路径,按前后顺序发送信号。路由器是互联网络的枢纽、“交通警察”。目前路由器已经广泛应用于各行各业,各种不同档次的产品已成为实现各种骨干网内部连接、骨干网间互联和骨干网与互联网互联互通业务的主力军。路由和交换之间的主要区别就是交换发生在 OSI 参考模型第二层(数据链路层),而路由发生在第三层,即网络层。这一区别决定了路由和交换在移动信息的过程中需使用不同的控制信息,所以两者实现各自功能的方式是不同的。

路由器按功能不同可以分为以下几种。

宽带路由器:宽带路由器(图 6-10)是近几年来新兴的一种网络产品,它伴随着宽带的普及应运而生。宽带路由器在一个紧凑的箱子中集成了路由器、防火墙、带宽控制和管理等功能,具备快速转发能力,灵活的网络管理和丰富的网络状态等特点。多数宽带路由器针对中国宽带应用优化设计,可满足不同的网络流量环境,具备良好的电网适

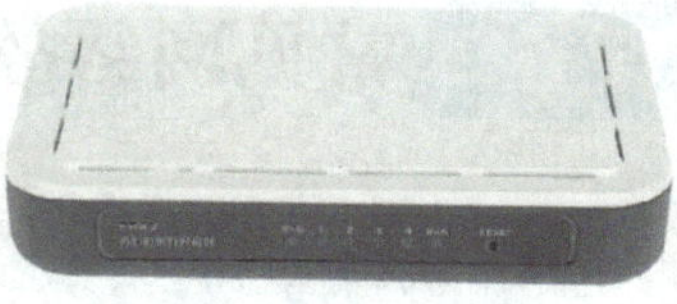

图 6-10 宽带路由器

应性和网络兼容性。多数宽带路由器采用高度集成设计，集成 10/100Mbit/s 宽带以太网 WAN 接口，并内置多口 10/100Mbit/s 自适应交换机，方便多台计算机连接内部网络与 Internet，可以广泛应用于家庭、学校、办公室、网吧、小区接入、政府、企业等场合。

模块化路由器：模块化路由器(图 6-11)主要是指该路由器的接口类型及部分扩展功能是可以根据用户的实际需求来配置的路由器。这些路由器在出厂时一般只提供最基本的路由功能，用户可以根据所要连接的网络类型来选择相应的模块，不同的模块可以提供不同的连接和管理功能。例如，绝大多数模块化路由器允许用户选择网络接口类型，有些模块化路由器可以提供 VPN 等功能模块，有些模块化路由器还提供防火墙的功能等。目前的多数路由器都是模块化路由器。

图 6-11　模块化路由器

核心路由器：核心路由器又称“骨干路由器”，是位于网络中心的路由器。位于网络边缘的路由器叫接入路由器。核心路由器和边缘路由器是相对概念，它们都属于路由器，但是有不同的大小和容量。某一层的核心路由器是另一层的边缘路由器。

无线路由器：无线路由器(图 6-12)就是带有无线覆盖功能的路由器，它主要应用于用户上网和无线覆盖。市场上流行的无线路由器一般都支持专线 xDSL、Cable、动态 xDSL、PPTP 四种接入方式，还具有其他一些网络管理的功能，如 DHCP 服务、NAT 防火墙、MAC 地址过滤等功能。

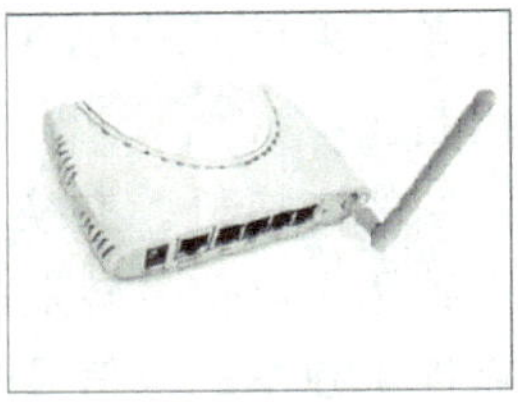
图 6-12　无线路由器

技能训练

根据本次任务中的相关内容，到本地计算机市场认识和了解当前主流的各种计算机网络设备，然后根据实验室现有设备搭建一个小型局域网。

任务完成

以实验室现有计算机为主要对象，几个人一组完成实验，要求如下。

①自己准备实验前的所有设备和工具，包括动手做几根网线。

②查看设备的型号。

③注意了解所搭建的局域网中各种设备的性能。

任务 2 常见网络故障诊断

任务描述

王明大学毕业后分配到一所高中工作，负责管理学校的计算机及网络中心，可不知道怎么回事，学校的网络不通了，他想查一下学校的网络到底哪里出了问题。

任务分析

要检测网络哪里出现了问题，需要有相关的知识，包括检测网络故障的一些命令、网络设置及其他硬件和软件排除故障的方法等。

任务实施

学校网络不通的情况有几种，一是校园网内部网络出现故障不通了，二是整个网络无法连接Internet了。我们主要解决第一种故障，后一种故障主要是服务器与路由的故障，涉及网络的深层次知识，在此不再讲述。

相关知识

计算机网络是一个复杂的综合系统，网络在长期运行过程中总是会出现这样那样的问题。引起网络故障的原因很多，网络故障的现象种类繁多，本任务主要针对常见小型局域网络经常出现的简单网络硬故障、软故障加以解析，并主要介绍使用Windows Server 2000的自带工具进行解决的方法。

1. 网络故障分类

按网络故障的性质、网络故障的对象或者网络故障出现的区域等方式来划分，网络故障有不同的分类。

(1)按照网络故障性质分

按照网络故障的性质，网络故障可分为物理故障与逻辑故障两种。

①物理故障。物理故障也称为硬故障，是指由硬件设备引起的网络故障。硬件设备或线路损坏、线路接触不良等情况都会引起物理故障。物理故障通常表现为网络不通，或时通时断。一般可以通过观察硬件设备的指示灯或借助测线设备来排除故障。

②逻辑故障。逻辑故障也称为软故障，是指设备配置错误或者软件错误等引起的网络故障。路由器配置错误、服务器软件错误、协议设置错误或病毒等情况都会引起逻辑故障。逻辑故障表现为网络不通，或者同一个链路中有的网络服务通，有的网络服务不通。一般可以通过Ping命令检测故障，并通过重新配置网络协议或网络服务来解决问题。

(2)按照网络故障的对象分

按照网络故障出现的对象，网络故障可分为网络服务器故障、线路故障和路由器故障。

①网络服务器故障。网络服务器故障一般包括服务器硬件故障、操作系统故障和服务设置故障。通常主要的原因是操作系统故障。当网络服务故障发生时，首先应当确认服务器是否感染病毒或被攻击，然后检查服务器的各种参数设置是否正确合理。

②线路故障。线路故障是网络中最常见和多发的故障。线路故障时应该先诊断该线路上流量是否还存在，然后用网络故障诊断工具进行分析后再处理。

③路由器故障。路由器故障也是网络中常见的，由于现在网络中路由器设备的大量

采用，一旦出现故障就会使网络通信中断。路由器故障的现象有时和线路故障相似，因此在诊断时要注意区分处理。检测这种故障，需要利用专门的管理诊断工具，用它收集路由器的路由表、端口流量数据、计费数据、路由器 CPU 温度、负载及路由器的内存余量等数据。一般可以利用网管系统中的专门进程不断地检测路由器的关键参数，并及时给出报警。

(3)按照引起网络故障的原因分

按照引起网络故障的原因，网络故障可分为配置故障、连通性网络故障、网络协议故障和安全故障。

①配置故障。配置故障指的是 Windows 2000 Server 网络系统及相关网络中的客户机配置内容不当引发的网络故障。在组建局域网的过程中，由于系统的配置十分复杂，很多重要的参数配置一旦被修改、破坏会导致网络系统故障。

②连通性网络故障。连通性网络故障的现象是网络不通。连通性网络故障通常涉及网卡、网线、交换机、路由器等设备和通信介质，其中任何一个设备的损坏，都会导致网络连接的中断。设备电源的突然关闭或损坏是造成连通性网络故障常见原因之一。

③网络协议故障。局域网中使用的网络协议出现故障，网络中的工作站将无法登录服务器。网络协议故障通常涉及网卡、网络协议安装、配置与管理等内容，其中任何一项出现故障，都会导致网络连接的中断。网络协议的配置错误是造成网络协议故障的主要原因之一。

④安全故障。安全故障通常表现为系统感染病毒、存在安全漏洞、有黑客入侵等几个方面。当局域网连入 Internet 时，没有做好安全防护的网络体系很容易出现安全故障。对于这类故障的现象通常表现为网络的交通流量突然变大，服务器的端口十分繁忙，系统负载极大，网络响应明显变慢。

总之，在日常的维护中，千万不要忽视一些技术上的细节问题。特别是在安全体系的设计问题上，一个很小的细节失误也会造成网络瘫痪这样的大故障。作为技术维护人员，应该养成细致的习惯，更要有网络整体安全的防范意识。

2. 故障诊断工具

故障的正确诊断是排除故障的关键，因此选择好的故障诊断工具是很重要的。这些工具，既有软件工具，也有系统命令，功能各异，各有长处。Windows 2000 Server 中包括几种常用的网络故障测试诊断工具，主要有 IP 测试工具 Ping、测试 TCP/IP 协议配置工具 Ipconfig、网络协议统计工具 Netstat 和 Nbstat、跟踪工具 Tracert 和 Pathping。这些工具需要在命令行方式下执行，运行前必须先启动命令行环境。命令行就是在 Windows 操作系统中打开 DOS 窗口，以字符串的形式执行 Windows 管理程序。进入了命令行操作界面(DOS 窗口)，在 DOS 窗口中只能用键盘来操作。

(1)启动命令行环境

单击“开始”按钮，选择“运行”命令，如图 6-13 所示，在弹出的“运行”对话框中输入“cmd”命令，可进入命令行界面，也可以按下 Windows 快捷键＋R 组合键直接打开运行对话框，再输入"cmd"命令，如图 6-14 所示。单击"确定"按钮，随后打开 DOS 窗口，如图 6-15 所示。

图 6-13　从"开始"菜单启动命令行

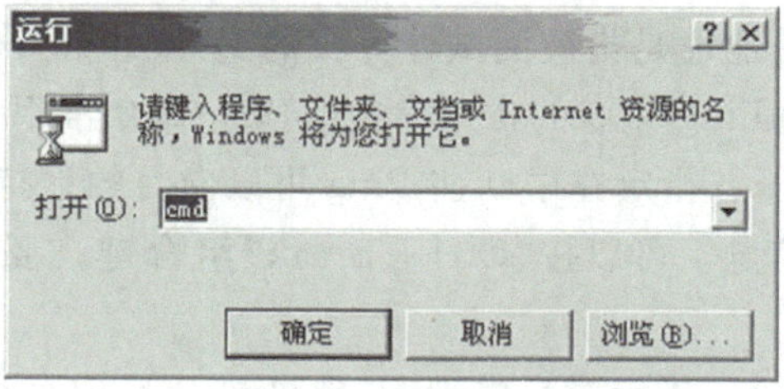

图 6-14　在"运行"对话框中输入命令"cmd"

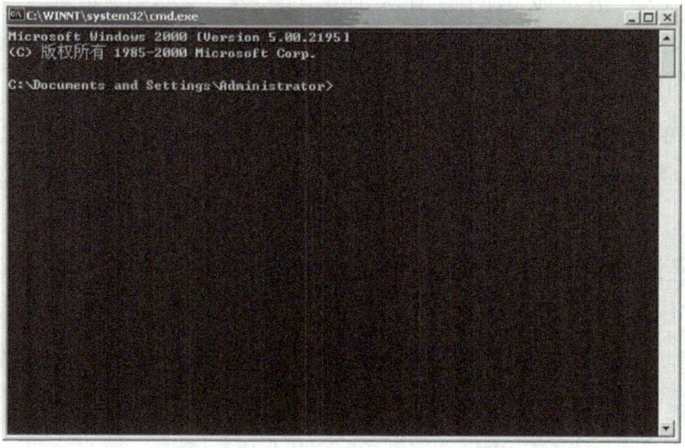

图 6-15　命令行环境

有时命令的参数过多，可以在 DOS 提示符下输入"命令名/?"来获取相应的提示和帮助。执行完命令后，要退出时可以输入命令"exit"，按回车键后，将关闭命令窗口，返回 Windows 2000 Server 操作系统环境。

(2)IP 测试工具 Ping

Ping 是 Windows 2000 Server 中集成的一个专用于 TCP/IP 协议网络中的测试工具。Ping 是测试网络连接状况以及信息包发送和接收状况非常有用的工具，是网络测试最常用的命令。Ping 命令用于查看网络上的主机是否在工作，它是通过向主机发送 ICMPECHO _ REQUEST 包进行测试而达到目的的。

Ping 命令把 ICMPECHO _ REQUEST 包发送给指定的计算机，如果 Ping 成功了，则 TCP/IP 把 ICMP ECHO REQUEST 包发送回来，以校验与本地或远程计算机的连接，其返回的结果表示是否能到达主机、向主机发送一个返回数据包需要多长时间。对于每个发送的数据包Ping命令最多等待1秒。

使用Ping工具可以确定TCP/IP配置是否正确以及本地计算机与远程计算机是否正在通信。此外，还可以使用Ping工具来测试计算机名和IP地址。在本地的Hosts文件中或DNS数据库中存在要查询的计算机名时，如果仅能够成功校验IP地址却不能成功校验计算机名，则说明名称解析存在问题。一般在使用TCP/IP协议的网络中，当发生计算机之间无法访问或网络工作不稳定时，都可以试用Ping命令来确定问题的所在。

①Ping命令的格式。Ping命令格式如下：Ping [参数1] [参数2] [···] 目的地址。其中目的地址是指被测试计算机的IP地址或计算机名称。

②Ping命令的常用参数。Ping命令常用参数的含义如下。

—t：指定在中断前Ping可以向目的地持续发送回响请求信息。如果想要中断并显示统计信息，可以按"Ctrl＋Break"组合键；要中断命令执行并退出，可以按"Ctrl＋C"组合键。

—a：指定对目的地IP地址进行反向名称解析；如果解析成功，Ping将显示相应的主机名。

—n Count(计数)：指定发送回响请求消息的次数，默认值是4。

—1 Size(长度)：指定发送的回响请求消息中"数据"字段的长度(以字节为单位)，默认值为32，Size的最大值是65527。

—f：指定发送的回响请求中其IP头中的"不分段"标记被设置为1(仅适用于IPv4)，回响请求消息不能在到目标的途中被路由器分段。该参数可用于解决"路径最大传输单位(PMTU)"的疑难。

—i TTL：指定回响请求消息的IP数据头中的TTL段值。其默认值是主机的默认TTL(生存时间TTL是IP协议包中的一个值，它告诉网络路由器包在网络中的时间是否太长而应被丢弃)值。TTL的最大值为225。注意该参数不能与—f参数一起使用。

—v TOS：指定发送的回响请求消息中的p标头中的"服务类型(TOS)"字段值(只适用于IPv4)，默认值是0，TOS的值是0～255的十进制数。

—r Count：指定p标头中的"记录路由"选项，用于记录由回响请求消息和相应的回响回复消息使用的路径(只适用于IPv4)。路径中的每个跃点都使用"记录路由"选项中的一项。如果可能，可以指定一个等于或大于来源和目的地之间跃点数的Count。Count的最小值必须为1，最大值为9。

—s Count：指定IP数据头中的"Internet时间戳"选项，用于记录每个跃点的回响请求消息和相应的回响应答消息的到达时间。Count的最小值是1，最大值是4。对于链接本地目标地址是必需的。

—j HostList(目录)：指定回响请求消息对于HostList中指定的中间目标集在IP标头中使用"稀疏来源路由"选项(只适用于IPv4)。使用稀疏来源路由时，相邻的中间目标可以由一个或多个路由器分隔开。HostList中的地址或名称的最大数为9，HostList是一系列由空格分开的IP地址(带点的十进制符号)。

—k HostList：指定回响请求消息对于HostList中指定的中间目标集在IP标头中使

用“严格来源路由”选项(只适用于 IPv4)。使用严格来源路由时，下一个中间目的地必须是直接可达的(必须是路由器接口上的邻居)。

－w Timeout(超时)：指定等待回响应答消息响应的时间(以毫秒计)，该回响应答消息响应接收到的指定回响请求消息。如果在超时时间内未接收到回响应答消息，将会显示“请求超时”的错误消息。

－R：指定应跟踪往返路径(只适用于 IPv6)。

－S SrcAddr(源地址)：指定要使用的源地址(只适用于 IPv6)。

－4：指定将 IPv4 用于 Ping。不需要用该参数识别带有 IPv4 地址的目标主机，要按名称识别主机。

－6：指定将 IPv6 用于 Ping。不需要用该参数识别带有 IPv6 地址的目标主机，要按名称识别主机。

在 DOS 提示符下运行“Ping/?”命令，可以查看 Ping 命令的格式及参数，如图 6-16 所示。

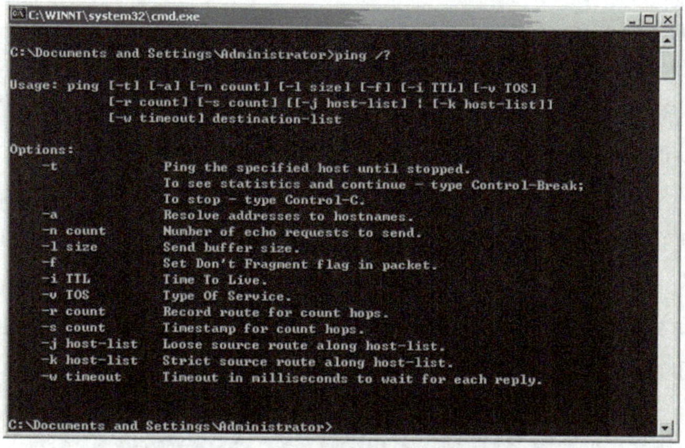

图 6-16　**Ping** 命令的格式与参数

在 Ping 命令测试中，如果网络未连接成功，除了出现“Request timed out”错误提示信息外，还有可能出现“Unknown hostname”(未知用户名)，“Network unreachable”(网络没有连通)，“No answer”(没有响应)和“Destination specified is invalid”(指定目标地址无效)等错误提示信息。

“Unknown hostname”表示主机名无法识别。通常情况下，这条信息出现在使用了“Ping 主机名[命令参数]”之后，如果当前测试的远程主机名字不能被命令服务器转换成相应的 IP 地址(名称服务器有故障，主机名输入有误，系统与该远程主机之间的通信线路故障等)，就会给出这条提示信息。

“Network unreachable”表示网络不能到达。如果返回这条错误信息，表明本地系统没有到达远程系统的路由。此时，可以检查局域网路由器的配置，如果没有路由器(软件或硬件)，可进行添加。

“No answer”表示当前所 Ping 的远程系统没有响应。返回这条错误信息可能是由于远程系统接收不到本地发给局域网中心路由的任何分组报文，如中心路由工作异常、网络配置不正确、本地系统工作异常、通信线路工作异常等。

“Destination specified is invalid”表示指定的目的地址无效。返回这条错误信息可能是由于当前所 Ping 的目的地址已经被取消，或者输入目的地址时出现错误等。

(3)常用 Ping 命令诊断

在使用 Ping 命令进行故障诊断时，可以通过 Ping 下列地址来判断故障的位置。

①Ping 127.0.0.1：在此命令执行时，计算机将模拟远程操作的方式测试本机，如果不通，则极有可能是 TCP/IP 协议安装不正常，应删除 TCP/IP 协议，重新启动计算机，再重新安装 TCP/IP 协议；或者网络适配器安装有问题，应删除后重新添加。

②Ping 本机 IP 地址：如果不通，则说明在相应端口上的协议绑定有问题，查看网络设置，可能是网络协议绑定不正确。

③Ping 其他主机 IP 地址：如果前两种方式都能 Ping 通，而不能 Ping 通其他主机的 IP 地址，那么说明其他主机的网络设置有问题，或者网络连接有问题，可以检查其他主机的网络设置，检查物理连接是否有问题。

④Ping 命令的应用

在局域网的维护中，经常使用 Ping 命令来测试一下网络是否通畅。使用 Ping 命令检查局域网上计算机的工作状态的前提条件是局域网中计算机必须已经安装了 TCP/IP 协议，并且每台计算机已经配置了固定的 IP 地址。

如果要检查网络中另一台计算机上 TCP/IP 协议的工作情况，可以在网络中其他计算机上 Ping 该计算机的 IP 地址。如果这台计算机的 IP 地址是 192.168.1.3，应用 Ping 命令的操作步骤如下。

①输入 Ping 命令。在 DOS 提示符下，输入 Ping 测试的目标计算机的 IP 地址或主机名，即运行“Ping 192.168.1.3”命令，如图 6-17 所示。

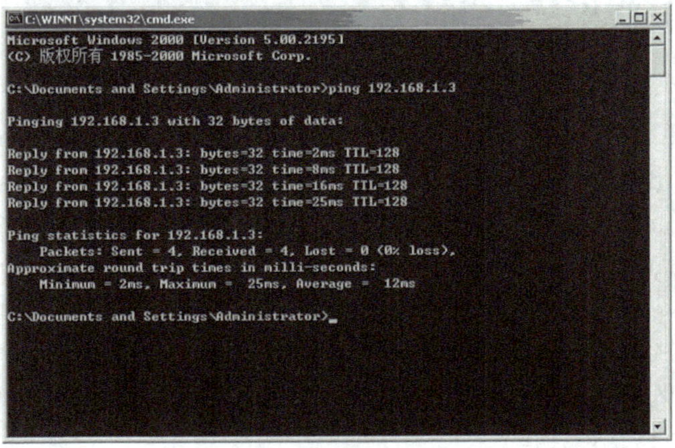

图 6-17　Ping 测试的目标计算机连通信息

②查看结果。按回车键，如果客户机上 TCP/IP 协议工作正常，则会以 DOS 屏幕方式显示类似“Reply from 192.168.1.3：bytes=32　time<1ms　TTL=64”信息，如图 6-17 中返回信息提示所示。

如果网络未连接成功，则显示“Request timed out(请求超时)”信息，如图 6-18 所示。

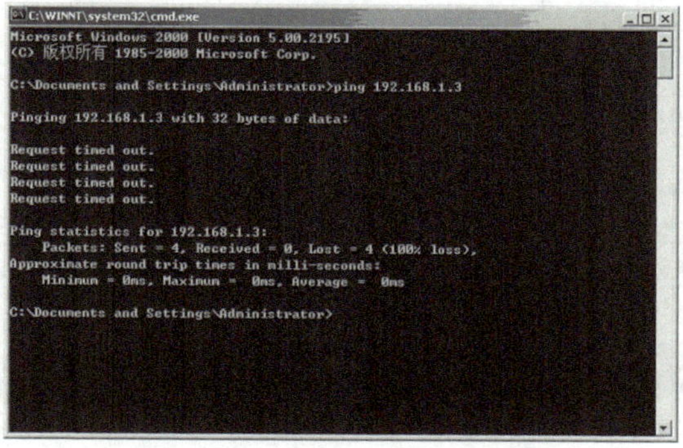

图 6-18　Ping 测试的目标计算机失败信息

出现以上错误提示的情况时，就要仔细分析一下网络故障出现的原因和可能有问题的网上节点了，可以从以下几个方面来着手检查。

网卡是否安装正确，IP 地址是否被其他用户占用。

检查本机和被测试的计算机的网卡及交换机(集线器)显示灯是否为亮，是否已经连入整个网络中。

是否已经安装了 TCP/IP 协议，TCP/IP 协议的配置是否正常。

检查网卡的 I/O 地址、IRQ 值和 DMA 值，是否与其他设备发生冲突。

如果还是无法解决，建议用户重新安装和配置 TCP/IP 协议。

技能训练

根据本任务中的相关内容，尝试诊断和排除网络中计算机不能上网的故障。

任务完成

以实验室现有计算机为主要对象，几个人一组完成实验，要求如下。

①将实验室中的计算机连成网络，查看能否上网。

②如果能上网，使用学到的网络命令测试网络；如果不能上网，用相关方法诊断并排除不能上网的故障。

③设置、查看并记录自己的计算机在局域网中的协议设置。

巩固练习

一、选择题

1. 一个学校的一个计算机网络系统，属于(　　)。

   A. PAN　　B. LAN　　C. MAN　　D. WAN

2. 两台计算机利用电话线路传输数据信号时需要的设备是(　　)。

   A. 调制解调器　　B. 网卡　　C. 中继器　　D. 集线器

3. 如果有多个局域网需要互连，并且希望将局域网的广播信息能很好地隔离开来，那么最简单的方法是采用(　　)。

A. 中继器　　B. 网桥　　C. 路由器　　D. 网关

4. zhonghua@sohu. com 是一种典型的用户(　　)。

A. 数据　　B. 信息　　C. 电子邮件地址　　D. WWW 地址

二、填空题

1. 计算机网络分类方法有很多种，如果从覆盖范围来分，可以分为局域网、城域网和________。

2. 局域网的英文缩写为________，城域网的英文缩写为________，广域网的英文缩写为________。

3. 常用的有线媒体有双绞线、同轴电缆及________等。

三、简答题

1. 常见的互连通信设备有哪些?

2. 什么是计算机网络?

3. 常用的网络测试命令有哪些? 在机房里应用这些命令，并保留截图。

4. 交换机 A 与交换机 B 使用两根线路连接在普通端口，请问：

①这种连接方式正确吗?

②这种连接方式会发生什么现象，会产生哪些后果?

5. 一台计算机能够使用 QQ 聊天工具，但无法访问网站，最可能的原因是什么? 如何解决这个问题?

6. 交换机与路由器的区别有哪些，它们在网络中的位置有何不同?

项目 7

计算机病毒

随着计算机技术的飞速发展，微型计算机的应用不断普及。计算机病毒对计算机系统及其数据造成的破坏已经危害到广大计算机用户，造成很大的损失。本项目将介绍计算机病毒的防护措施、检测与清除计算机病毒的方法。

学习目标

本项目主要学习计算机病毒的基本知识、计算机病毒的防治以及怎样利用杀毒软件进行杀毒。通过本项目的学习，应掌握以下知识。

(1)计算机病毒的基本知识。

(2)清除计算机病毒的方法。

任务 认识计算机病毒

任务描述

王明新买了一台计算机，在装完操作系统后，他有些担心计算机上网会无意中感染病毒，他想多了解一下计算机病毒的知识，希望能为自己的计算机装一款杀毒软件，这样可以使他的计算机得到保护，避免计算机病毒的入侵。

任务分析

保护计算机远离病毒需要有相关的知识，包括理解什么是计算机病毒、计算机病毒的感染渠道及预防措施等。杀毒软件是最后的查杀病毒工具，既可以在有病毒感染时提醒用户，又可以随时查杀已感染的计算机病毒。

任务实施

准备一套杀毒软件(目前比较常用的有瑞星、江民、金山毒霸、卡巴斯基等)，将软件光盘放到光驱中，运行安装程序(一般是 Setup. exe)，运行安装向导，按照向导提示输入产品序列号、用户 ID，完成后重启计算机就可以了。

相关知识

1. 计算机病毒基本知识

(1)计算机病毒的定义

计算机病毒是指编制或者在计算机程序中插入的破坏计算机功能或者毁坏数据、影响计算机使用且能自我复制的一组计算机指令或者程序代码。

(2)计算机病毒的特点

计算机病毒主要有以下一些特点。

①寄生性。计算机病毒程序都是一些可以直接运行或间接运行的程序，小巧灵活，可以隐藏在可执行文件或数据当中，不易被人察觉和发现。

②隐蔽性。计算机病毒隐藏在操作系统的引导扇区、可执行文件、数据文件、标记的坏扇区，不易被发现。

③非法性。用户没有执行计算机病毒的运行程序，它是非法授权自己运行。

④传染性。计算机病毒具有很强的再生机制，一接触就传染，而且会主动开始寻找感染其他的程序。

⑤破坏性。计算机病毒的目的在于系统，主要表现在占用系统资源、破坏数据、摧毁系统甚至破坏硬件。

(3)计算机病毒的种类

计算机病毒层出不穷，破坏能力也千奇百怪，谁也说不清到底有多少种病毒，但可以把病毒归类，并按照寄生方式和传染途径分为以下几种类型。

①引导型病毒：隐藏在系统盘引导区中的病毒，如 Brain 病毒、小球病毒、2708 病毒。系统引导时出现的病毒，它先于操作系统，依托的环境是 BIOS 中断服务程序。待病毒程序执行后，将控制权交给真正的引导区内容，使得这个带病毒的系统看似正常运转，而病毒已隐藏在系统中并伺机传染、发作。

②文件型病毒：附属在可执行文件内，扩展名是 COM 或者 EXE 的病毒，如 DIR2、CIH 病毒。它通常隐藏在宿主程序中，执行宿主程序时，将会先执行病毒程序再执行宿主程序，达到传播的目的。

③混合型病毒：集引导型和文件型病毒特性于一体，如 New century 病毒。

④宏病毒：利用 Word 和 Excel 宏作为载体的病毒，如七月杀手病毒。宏病毒是一种寄存在文档或模板的宏中的计算机病毒。一旦打开这样的文档，其中的宏就会被执行，于是宏病毒就会被激活，转移到计算机上，并驻留在 Normal 模板上。

⑤网络病毒(邮件病毒)：通过互联网电子邮件(附件)传染并自动发送邮件的病毒，如Melissa(美丽杀手)、I LOVE YOU(爱虫病毒)。

⑥黑客程序：通过通信程序监控用户的计算机，随时进行窃取和破坏用户数据。严格地说，黑客程序不是计算机病毒。

(4)计算机感染病毒后的主要症状

从目前发现的计算机病毒来看，由于病毒的传染性和破坏性，所以有一些易于察觉的表现。主要表现如下。

①磁盘坏簇莫名其妙地增多(当然也可能是软盘或硬盘真的有物理损坏)。

②由于病毒程序附加在文件上，使可执行程序文件增大(很多病毒在带毒查看时，文件大小不变)。

③由于病毒不断传染给其他文件，使可用磁盘空间变小。

④Windows系统不能启动，有的病毒会破坏系统引导区或删除系统文件。

⑤莫名其妙丢失数据或文件，一些病毒会删除数据或文件。

⑥中断向量发生变化，病毒获得控制权，但这种变化一般不容易察觉。

⑦打印出现问题，使得打印不能正常进行。

⑧鼠标不能使用，键盘使用异常。

⑨死机现象频繁。

⑩出现一些意外的问候语、画面或提示声音。

⑪系统启动或程序运行出现异常现象，例如比以前速度慢了。

⑫打开计算机时，黑屏且无声音提示，当系统BIOS被破坏时就是这样。

⑬收到来历不明的邮件或邮件附件。

⑭CMOS信息(如硬盘参数等)被修改或丢失。

⑮互联网的邮件服务器被众多垃圾邮件阻塞，以至于瘫痪。

⑯程序载入时间比平常久。

⑰对一个简单的工作，磁盘似乎花了比预期长的时间。

⑱不寻常的错误信息出现。

⑲硬盘的指示灯无缘无故地亮了。

⑳系统内存容量忽然大量减少。

㉑内存中增加来路不明的常驻程序。

㉒文件的内容被加上一些奇怪的资料。

㉓文件名称、扩展名、日期、属性被更改过。

上面的现象可能是计算机病毒引起的，但也可能是由于误操作、系统本身不稳定、计算机被其他人使用并修改过或其他原因。例如，升级BIOS失败时，启动计算机时就会出现黑屏；主板后备电池电压低时，CMOS信息会丢失；超频后散热不好，会频繁死机等。

2. 病毒的防范

(1)文件型病毒的防范

对文件型病毒的防范，一般采用以下一些方法。

①安装最新版本、有实时监控文件系统功能的防病毒软件。

②及时更新病毒引擎，一般每月至少更新一次，最好每周更新一次，并在有病毒突发事件时立即更新。

③经常使用防毒软件对系统进行病毒检查。对关键文件，如系统文件、重要数据等，在无毒环境下经常备份。

④在不影响系统正常工作的情况下对系统文件设置最低的访问权限。

⑤尽量避免使用软盘、U 盘等移动设备保存和传递资料，如果需要使用，则应先对软盘、U 盘中的文件进行病毒查杀。

(2)宏病毒的防范

对宏病毒进行防范可以采取如下几项措施。

①提高宏的安全级别。目前的高版本的 Word 软件可以设置宏的安全级别，在不影响正常使用的情况下，应该选择较高的安全级别。

②删除不知来路的宏定义。

③将 Normal. dot 模板进行备份，当被病毒感染后，使用备份模板进行覆盖。

④如果怀疑外来文件含有宏病毒，可以使用写字板打开该文件，然后将文本贴到 Word 中，转换后的文档是不会含有宏的。

(3)蠕虫病毒的防范

①给计算机的账户设置比较复杂的密码，防止被蠕虫病毒破译。

②提高防杀病毒的意识，不要轻易点击陌生的站点。

③不要随意查看陌生邮件，尤其是带有附件的邮件。

④对于网络管理人员，尤其是邮件服务器的管理人员，需要经常检测网络流，一旦发现流量猛增，有可能在网络中已经存在了蠕虫病毒。

3. 常见杀毒软件

常见杀毒软件有 360 杀毒软件、瑞星杀毒软件、金山毒霸、NOD32 和 KAV(卡巴斯基)等。

①360 安全卫士拥有木马查杀、恶意软件清理、漏洞补丁修复、计算机全面体检等多种功能。

②瑞星杀毒软件基于瑞星“云安全”系统设计，其“整体防御系统”可将所有互联网威胁拦截在用户计算机以外。深度应用“云安全”的全新木马引擎、木马行为分析和启发式扫描等技术可将病毒彻底拦截和查杀。

③金山毒霸是金山网络旗下研发的“云安全”智能反病毒软件，同时具有病毒防火墙实时监控、压缩文件查毒、查杀电子邮件病毒等多项先进的功能。

④NOD32 静默的时候系统占用率低，扫描速度快，对未知病毒、木马的查杀能力非常高，适合推广。

⑤KAV(卡巴斯基)能时刻监控一切病毒可能入侵的途径，界面简单、自动化程度高，而且几乎所有的功能都是在后台模式下运行，系统资源占用低。

4. 清除计算机病毒的原则

①清除计算机病毒之前，一定要备份所有重要数据，以防万一。

②清除计算机病毒时，一定要用洁净的系统引导计算机，保证整个过程在无毒的环境下进行。否则，病毒会重新感染已消毒的文件。做好备用的保存磁盘引导扇区的文件，在文件名上要反映出该盘的型号(软盘、硬盘)、容量和版本。因不同的磁盘的分区表不同，引导记录的 BPB(磁盘基数表)也不同，一旦恢复时不对应，被恢复的磁盘将无法读写。

③操作中应谨慎处理，对所读写的数据应进行多次检查核对，确认无误后再进行有关操作。

5. 计算机病毒的清除方法

如果发现了计算机病毒，应马上清除。清除计算机病毒的方法有两种：人工处理和利用反病毒软件处理。

(1)人工处理

如果发现磁盘引导区的记录被破坏，可以用正确的引导记录去覆盖它；如果发现某一个文件感染了病毒，可以删除该文件，或用正常的文件去替换它。这些都属于人工处理。这种方法需要对计算机系统有很深的了解，而且危险性很大，稍有差错就会丢失数据，甚至破坏系统。

(2)利用反病毒软件处理

目前的杀毒软件很多，而且很多软件针对个人用户是免费的，可以安装相应的杀毒软件进行杀毒，方便安全。

技能训练

①查看计算机中有无被病毒破坏的文件。

②安装 360 杀毒软件进行病毒的查杀。

任务完成

以实验室现有计算机为主要对象，一个人完成以下操作。

①查看计算机中有无被病毒破坏的文件，如果有进行查杀。

②学习各种杀毒软件的应用。

巩固练习

一、选择题

1. 关于计算机病毒的说法，正确的是（　　）。

A. 计算机病毒像感冒病毒一样，可以在人群中传播

B. 计算机病毒只能感染计算机文件

C. 计算机病毒只存在于计算机硬盘中

D. 计算机病毒可以通过光盘、U盘、网络等许多途径传播

2. 关于计算机病毒查杀软件的说法，不正确的是（　　）。

A. 杀毒软件进行一次杀毒之后就不可以使用了

B. 杀毒软件需要经常升级才能更有效防范病毒

C. 杀毒软件有免费的也有付费的

D. 杀毒软件的实时监控要开启才能有效防范病毒

3. 王楠同学开始学习使用杀毒软件，以便能更好地保护计算机免受计算机病毒侵害，你给他的合理建议是（　　）。

A. 尽量多安装几种杀毒软件，以便更好地保护计算机

B. 需要杀毒的时候才启动杀毒软件

C. 只需要开启杀毒软件对可执行文件的实时监控即可

D. 杀毒软件需要经常联网升级才能更有效防范病毒

4. 下列软件中，不是常用的杀毒软件的是（　　）。

A. 360杀毒软件　　B. 瑞星杀毒软件　　C. 金山毒霸　　D. 超级解霸

二、填空题

1. 计算机病毒的实质是__________。

2. 计算机病毒的清除方法通常有两种，分别是________、________。

3. 计算机病毒的类型主要有__________、__________、__________。

4. 常用的杀毒软件主要有____等。

三、判断题

1. 计算机病毒对计算机和人体都有直接伤害。（　　）

2. “黑客”是指专门在夜晚上网的人。（　　）

3. 计算机病毒是人为编制的特殊程序。（　　）

4. 计算机病毒有传染性、隐蔽性、潜伏性。（　　）

5. 对已经感染病毒的磁盘只能丢弃，不能再使用。（　　）

6. 黑客是指利用系统安全漏洞对网络进行攻击或窃取资料的人。（　　）

参考文献

[1]李密生，曾晓宁．计算机组装与维修教程．北京：中国铁道出版社，2011.
[2]杨涛，凌洪洋．新编计算机组装与维修．北京：电子工业出版社，2012.
[3]姜全生，于景辉．计算机维护与维修．北京：人民邮电出版社，2010.
[4]柳青，林培通，丁海波．计算机组装与维修．北京：高等教育出版社，2010.
[5]神龙工作室．电脑主板从入门到精通．北京：人民邮电出版社，2009.
[6]王艳玲，乔英霞．计算机组装与维修．北京：电子工业出版社，2007.